经典科学系列

可怕的科学
HORRIBLE SCIENCE

神秘莫测的光
FRIGHTENING LiGHT

[英] 尼克·阿诺德／原著　[英] 托尼·德·索雷斯／绘　刘君／译

U0257099

北京出版集团
北京少年儿童出版社

著作权合同登记号

图字:01-2009-4324

Text copyright © Nick Arnold

Illustrations copyright © Tony De Saulles

Cover illustration © Tony De Saulles，2009

Cover illustration reproduced by permission of Scholastic Ltd.

图书在版编目（CIP）数据

神秘莫测的光 /（英）阿诺德（Arnold，N.）原著；（英）索雷斯（Saulles，T. D.）绘；刘君译 . —2 版 . —北京：北京少年儿童出版社，2010. 1（2024.10 重印）

（可怕的科学·经典科学系列）

ISBN 978-7-5301-2361-4

Ⅰ . ①神… Ⅱ . ①阿… ②索… ③刘… Ⅲ . ①光—少年读物 Ⅳ . ①043-49

中国版本图书馆 CIP 数据核字（2009）第 183424 号

可怕的科学·经典科学系列

神秘莫测的光

SHENMI MOCE DE GUANG

〔英〕尼克·阿诺德　原著

〔英〕托尼·德·索雷斯　绘

刘　君　译

*

北 京 出 版 集 团

北京少年儿童出版社　出版

（北京北三环中路6号）

邮政编码:100120

网　　址：www . bph . com . cn

北京少年儿童出版社发行

新 华 书 店 经 销

三河市天润建兴印务有限公司印刷

*

787 毫米×1092 毫米　16 开本　10. 25 印张　50 千字

2010 年 1 月第 2 版　2024 年 10 月第 60 次印刷

ISBN 978 - 7 - 5301 - 2361 - 4/N·149

定价：22.00 元

如有印装质量问题，由本社负责调换

质量监督电话：010 - 58572171

目 录

说说光 ……………………………… 1

观察日光 …………………………… 4

光芒四射的科学家 ………………… 18

凸起的眼球 ………………………… 38

灼热的阳光 ………………………… 52

恐怖的光 …………………………… 69

玄妙的反射 ………………………… 86

神奇的折射 ………………………… 103

至关重要的色彩 …………………… 118

神通广大的激光 …………………… 136

光明的未来 ………………………… 148

疯狂测试 …………………………… 153

说说光

说到科学，总令人感到它是高深莫测的、神秘的、难以捉摸的。

现在让我们来说说"光"这个题目。你每天都能见到太阳发出的光和灯发出的光，也许你认为关于光的科学知识就这么简单吧。

那你就错了！要弄清楚光的本质是很困难的，比你在晚餐会上砸开硬果壳要困难得多，事实上，比打开一大桶意大利面条还要难。

明白我的意思了吗？光是神秘莫测的、令人困惑不解的。如果你去问科学家光是什么，你一定听不懂那些专有名词和术语。

1

听起来很玄，是不是？这并不奇怪，科学的深奥确实会令人望而生畏。

但是，事情总会有另一面，我们有办法消除你的迷惑和畏惧。最简单不过的办法就是，请你拿着这本书，到一个安静的地方，坐下来慢慢读下去。于是你会弄明白关于光的科学道理，还有许多动人心弦的关于光的知识，例如关于眼球、激光手术、幻象，以及那些黑暗而恐怖的科学谜团。看过这本书之后，你会有实实在在的获益感受。最

起码，你不会再害怕老师刁钻的提问了。

　　你在本书中新学到的有关光学的知识一定会让你的老师大吃一惊。至于将来，谁又能预料呢？你可能会成为引导科学前进的火炬，在用炽热的光焰照亮科学道路的同时，也让你享受这闪亮的光给你带来的幸福。那么，现在只剩下一个问题——你是否明智地选择将这本书读完呢？

观 察 日 光

太阳慢慢地落到布罗肯山的后面去了，几分钟后，天渐渐地黑了下来。一个登山人继续沿着曲折的羊肠小道向上攀登，他脚下的路变得越来越模糊不清了，他开始感到了一丝恐惧。

他急忙掏出怀表看了一眼。"是时候了，"他想，"我要随时注意观察周围的情况。"

他暗自发誓："一定要打起精神来！作为一个科学家，不管发生什么事情都要坚信科学不动摇，这世界上根本就没有什么鬼怪。"

但是，这个登山者毕竟是第一次走在昏暗的山路上，他的心还是不由自主地战栗起来，嘴唇发干，后背渗出了冷汗。

突然，他的心跳似乎凝固了，头发顿时竖了起来！因为他虽然没有回头看，却明显地感觉到身后似乎有人尾随而来……

身后到底有什么？他忍不住想回头看个究竟。可是，他的脖子似乎僵硬了，不听使唤。他不得不费劲地转过去。只见他惊讶得张大了嘴巴，两眼盯着山头上空的灰褐色云层，云层中镶嵌着一个黑色怪影，它轮廓分明，活生生如同一个腾云驾雾的鬼怪。

这个鬼影也好像是在睁大眼睛瞪着登山者，作出蓄势下扑的姿态。登山者惊望了一会儿，科学家的头脑做出了本能的反应。他用颤抖的手掏出笔记本和一段铅笔头，迅速地记下了他亲眼目睹的这一难以形容的怪现象，嘴里还不停地自言自语："太奇妙了！真是激动人心！"

当登山者转过身去匆匆赶路时，那巨大的怪影也动了起来，平静地、轻飘飘地尾随着他，他快它也快。

猛然间，这怪影伸出了一只长长的胳膊……

登山者害怕了吗？没有。因为这位登山者已经明白了那飘忽的黑色影像其实就是他自己的身影。这绝对是科学的真相。假如你一定要把它当做鬼怪，你不妨称它为"布罗肯幽灵"。因为在德国的布罗肯山上，这样的幽灵随处可见。你若是在日落时分爬上山去（最好不要去，因为这样做并不安全），落日的余晖会将你的身影投射到附近的云层上，于是你就会看到巨大的、与你"形影不离"的、若隐若现的"鬼影"。这奇妙的现象只不过是许许多多奇特的光学效应中的一例。

而后面还有更多更恐怖的故事……

神秘莫测的光档案

名　称：光

来　历：光来自于太阳和热的发光体，例如蜡烛火焰发出的光。噢，这些你都知道，那么请记住……

怪异之处：某些种类的光并不热，例如一些奇异的发光生物和化学物质，它们在黑暗中发出"不热"的光。

为了加深印象，请轻轻关上灯，翻到本书第69页。

令人沮丧的景象

刚才你真的关灯了？喂，把灯再打开，继续读下去。

光的出现或消失是很自然的，对吧？天亮了，天空出现了亮光，你还没有起床这件事就已经发生了。人们对光已经司空见惯，并且认为无须为此担心什么。

的确如此。

试想：假如明天太阳不再升起，假如世界上所有的灯都同时熄灭。

试想：天空中的日月星辰都不发光了，世界将会变成什么样？寒冷、黑暗、恐怖和危险。没有光，人们走在路上就会彼此碰撞，会踩到宠物身上，会碰倒贵重的古玩，甚至一脚踩在香蕉皮上。

但这还不是全部，你能想象出没有光还会发生一些什么事情吗？

神奇的光的小测验

请选择答案（对的打√，错的打×）。

没有阳光你就不能看到……

1. 彩虹。（　　）

2. 月亮。（　　）

如果四周一片漆黑……

3. 你的脸不会在镜子中出现。（　　）

4. 你不能到风景区拍照。（　　）

5. 一条危险的响尾蛇找不到你藏身的地方。（　　）

1. 对。当太阳照射到极小的水珠时，彩虹出现了。这是水珠将太阳光分解成不同颜色的结果（参照第24~28页有关颜色的详述）。实际上，在夜晚你同样可以透过月光看到彩虹，但在通常情况下由于光线太暗，使肉眼很难分辨。

2. 对。月球本身不发光，那美丽的银色月光实际上是从月亮反弹的（或者如科学家所说，反射的）太阳光而形成的。月球表面是由岩石和灰尘构成的，但是如果月球表面是由冰构成的，那么就可以更好地反射光线——几乎可以使月亮和太阳一样明亮。

3. 对。镜子的作用就是反射光线。黑暗中虽然你照样可以在卫生间照镜子，但由于周围没有光线，所以在镜中就不会反射出你的影像。顺便说一下，在古代的传说中，一个吸血鬼或鬼魂，不管怎样都无法在镜中看到自己的影像。

4. 对。想象一下，如果你走在崎岖的漆黑山洞中，却将手电筒忘在了家里。这时无论你多么着急都无法拍到自己的照片。因为只有当光照射到胶片上，使胶片上的化学物质在光的作用下发生化学反应，才能将你的影像留在底片上。

5. 错。在响尾蛇头部的两侧各有一个凹坑，那里面布满了温度传感器，这些传感器可以通过探测你身体的热辐射而"看"到你。这是非常可怕的。所以藏在黑暗的橱柜中躲避蛇可算不上明智之举。

光从何处来？

　　光能够照亮我们的生活。可是深入光的内部去观察光，你会发现它更加神秘莫测。想象一下你如果有一架特棒的高倍显微镜，这显微镜的放大倍数比世界上最高倍的显微镜还要高出几十亿倍。用它来观察光，你将会看到什么？

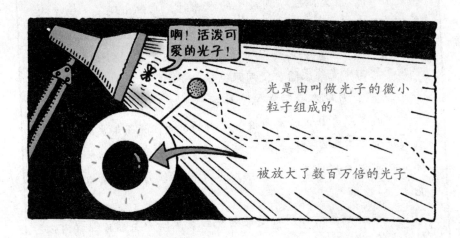

　　光子永远是运动着的——以每秒数百亿次呈"之"字形运动形成光波。而数百个光波排在一起才会填满这个句号。

　　听起来有点奇怪，是不是？噢，试想一下，由水滴组成的海水的波浪向周围如此快速地传播，转瞬间海面上尽是滔天巨浪。

读者请注意……

关于光子，科学家对它会做出冗长烦人的解释。但你用不着听这些解释，因为这里有一个令人激动的卡通片，片中有着同样的内容……噢，天哪，这片子看起来竟然和科学家要说的话一模一样。

简明的科学注释

对不起打扰了。在你迷恋上卡通片之前需要了解如下事实：原子是组成物质的一种极其微小的颗粒。它有多小呢？这么说吧，100万个原子摞在一起才有这页纸这么厚。宇宙中的每一种物质都是由不同的原子或原子团组成的。你们都听明白了吗？

这是鸟？是飞机？
不，这是超级光子！

超级光子产生于太阳的深层，完全是从过热的原子中跳出而形成的。

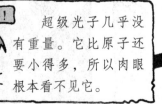

超级光子几乎没有重量。它比原子还要小得多，所以肉眼根本看不见它。

可是它却从太阳的电磁力中摄取了令人畏惧的超凡力量。它以"之"字形来回振动，其速度达到每秒600 000 000 000 000次而形成光波。但它从不会像一阵风一样跑光。

继续读下一页

此时在地球上……

啊！

现在我已经掌握了你的一切！

邪恶的乙教授！这就是超级光子要对付的家伙！

嗖！　超级光子

超级光子一刹那间径直跳离太阳而以每秒300 000千米的速度向月亮疾驰。

6分钟后超级光子闪过金星。

嗨，金星——再见，金星！

同一时刻在地球上……

有种你别走，老乙！

还有最后的要求吗？

时间就要到了？

超级光子用了8分25秒闪过月球，继续前进，它要去完成它的救人使命，可它是不是来得太晚了？

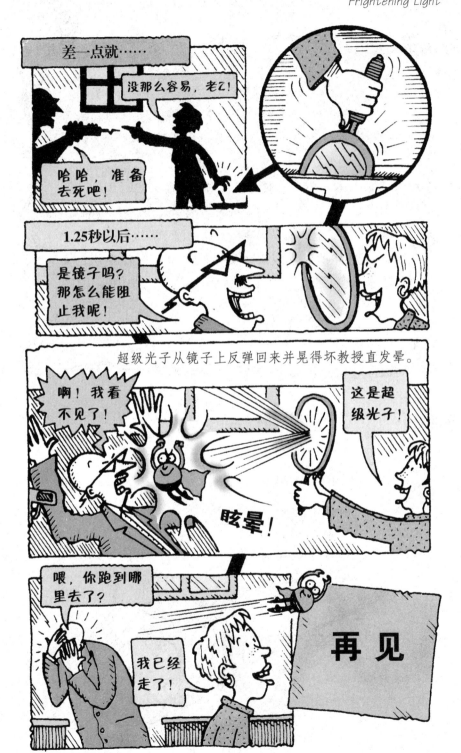

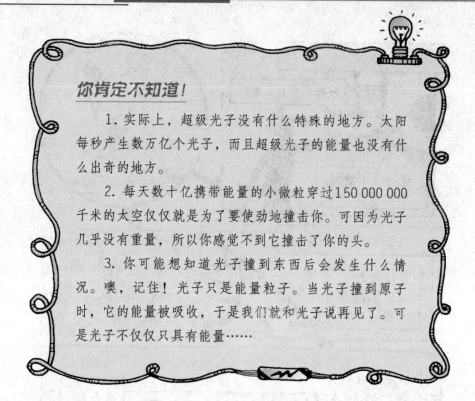

你肯定不知道!

1. 实际上，超级光子没有什么特殊的地方。太阳每秒产生数万亿个光子，而且超级光子的能量也没有什么出奇的地方。

2. 每天数十亿携带能量的小微粒穿过150 000 000千米的太空仅仅就是为了要使劲地撞击你。可因为光子几乎没有重量，所以你感觉不到它撞击了你的头。

3. 你可能想知道光子撞到东西后会发生什么情况。噢，记住! 光子只是能量粒子。当光子撞到原子时，它的能量被吸收，于是我们就和光子说再见了。可是光子不仅仅只具有能量……

你敢……试试光能做些什么?

需要的物品:

在小手电筒前头包上铝箔。

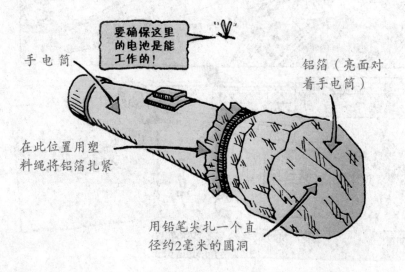

要确保这里的电池是能工作的!

手电筒

铝箔（亮面对着手电筒）

在此位置用塑料绳将铝箔扎紧

用铅笔尖扎一个直径约2毫米的圆洞

需要怎么做：

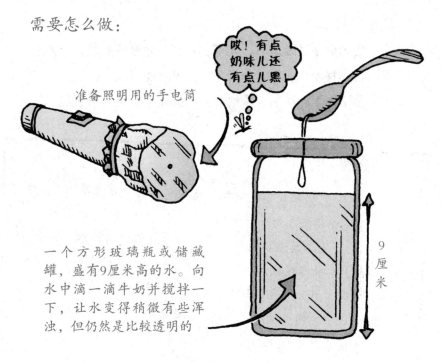

哎！有点奶味儿还有点儿黑

准备照明用的手电筒

一个方形玻璃瓶或储藏罐，盛有9厘米高的水。向水中滴一滴牛奶并搅拌一下，让水变得稍微有些浑浊，但仍然是比较透明的

9厘米

实验Ⅰ：

1. 把罐放在一个黑色物体前面。一本黑皮书或一些深色墙纸都行。

2. 举起手电筒对着罐的侧面，打开手电筒开关，你就会看到有一束光射出。

3. 使手电筒的光从水面以下照过去。

发生了什么？

a）光就像一台损坏了的电视那样闪烁。

b）光在罐边上跳舞。

c）光似乎按某一角度向下反射。

实验Ⅱ：

现在将手电筒放在离罐边大约5厘米的地方，试着从不同的角度上下照一照。

发生了什么？

a）当光束穿过罐边时，光束会从某一角度突然跳到一侧。

b）当你移动光束时，水开始受热并产生气泡。

c）无论你怎样移动，手电筒射出的光束总是一条直线。

答案

Ⅰc）。光从水的下侧反弹（反射）出去。水面非常平，所以光子完全向同一方向反射出去。

Ⅱa）。光不总是以直线传播。当光从空气射向水中，在水中传播时，它的速度减为每秒224 900千米。这是因为光子在水中前进时不得不推开很多水分子——就像要穿过人群跑过去一样。当一束光以一定的角度照在水面上，光在另一侧的速度减慢，这就使光束发生了弯曲。

好奇怪的说法

一个天文学家对另一个天文学家说……

这种折射理论和足球比赛有关系吗？

没有关系。科学家称光的这种弯曲为光的折射。

到目前为止你已经了解到……

1. 关于光的知识比我们平常所看到的要多得多。

2. 光的许多性质是相当令人惊讶的。

但是你也可能感到困惑。要是光子真的这么小而速度又那么快，那科学家怎么能对光子了解得那么多呢？我的意思是，你不可能准确地将光子捕捉在捕蝶网里。噢，为了发现真理，那些研究神秘的光的科学家肯定动了不少脑筋。

翻到下一页，看看科学家是如何动脑筋的吧……

光芒四射的科学家

我们现在对光的认识是基于两位科学天才的贡献：艾萨克·牛顿（1642—1727）和阿尔伯特·爱因斯坦（1879—1955）。当然，除了他们以外，还有很多科学家也对光进行了研究。噢，正如他们所说："揭开光的秘密是大家共同努力的结果。"哈哈，这里恰好有一些研究光学的科学家的卡片。

科学家卡片

1. 物理学家

兴　趣：找到像热和电一样能够改变世界的作用力。本书所介绍的物理学家实际上是光学物理学家。当然——你已猜到——他们是研究光学的。

工　作：做实验，计算光速及其他令人兴奋的研究。

地　址：实验室。

提　示：物理学家看起来挺"邋遢"的，衣着也不考究，随随便便。因为他们整天忙于思考复杂的实验而顾不上仪容仪表。

2. 天文学家

兴 趣：恒星、行星以及广袤无际的宇宙中的一切。天文学家对光感兴趣是因为可以利用光来观察宇宙空间中的星体。

工 作：用望远镜观察夜空。

地 址：天文台。

提 示：天文学家很少有逸事，他们很腼腆，经常是昼伏夜出。为了研究夜空他们常常出现在黑暗中。

夜晚，天文学家正静悄悄地走向天文台。

3. 眼科专家

兴趣：眼球、眼疾以及与视觉有关的研究。

工作：治疗眼病，做眼科手术。

地址：医院眼科室。

提示：很难找到他们，因为害眼病的人太多了。

你看到他了吗？

我要是能看到他，我就不来这里了。

不可思议的速度

几个世纪以来，科学家们想尽办法要测出光的速度。他们知道这将有助于判定行星间的距离，以便进行更加准确的天体观察。所以，许多科学家对此进行了尝试，然而麻烦总是不断。光的速度是极快的，我们现在知道，光子在1秒钟内可以快速前进299 792 458米。在已知的宇宙中，没有什么东西的速度比光速更快——即使是星期五下午放学时归心似箭的孩子们的速度也没有那么快。

现在，你可能认为测量光速几乎是不可能的了。我想，你需要有惊人的快速反应以及一个非常好的秒表来做这件事——对吧？那么科学家是怎样着手进行这项看起来几乎不可能实现的工作呢？最初，是由意大利的科学家伽利略（1564—1642）第一个尝试的。

勇敢的伽利略

一个漆黑的夜晚，伽利略和一个朋友约好去爬山，他们每人拿着一个装有快速启闭遮光罩的灯。伽利略爬上了一座山，他的朋友爬上

了相距3千米远的另一座山。这是一次寒冷、孤独和危险的跋涉，而且谁要是摔下去，都没有生还的可能。

伽利略一到达山顶就对着朋友的山头打开灯的遮光罩并开始计数。按原定计划，他的朋友看到灯光后立即举起手中的灯，打开遮光罩，对伽利略发出灯光信号。

伽利略看到从他朋友的灯发出的光后就停止计时。

你能成为科学家吗？

可是大科学家错了。事实上，当伽利略和他的那位饱受长途跋涉之苦的朋友爬上了彼此遥望的山峰并打开灯的遮光罩时，他们就觉察到了这一点。因为他们发现两人的光信号似乎是在同一时刻发出的。为什么会是这样呢？

答案

因为光速实在太快了，它传播几千米的路程所需要的时间实在微不足道。事实上，伽利略和他的同伴计算出的时间绝大部分是他们启闭灯的遮光罩的操作反应时间。伽利略在明白了这点后就放弃了这项实验。

记录光速

天文学家也试图通过使用复杂计算来推算光速以及其他数据。英国天文学家詹姆斯·布拉德利（1693—1762）于1725年提出了一种计算方法。他使用了这样一些数据，如望远镜的角度以及地球围绕太阳转动的速度。他的计算结果仅有5%的误差。

一百多年后，我们又回到山上。1849年，法国物理学家阿曼

通过测定车轮走过的距离、速度和光传播的距离，我计算出了光的速度。

这是"车轮"的功劳！

德·斐索（1819—1896）从山顶上射下一束光。光束穿过飞速旋转的车轮的辐条，照射到相距8千米远的山顶上的一面镜子上，然后反射回来再照到车轮上。

他计算的光速达到每秒313 300千米，比实际值稍微快了点。可是，实践证明这是一个极好的测算方法，因此这种方法也被其他科学家采用了。

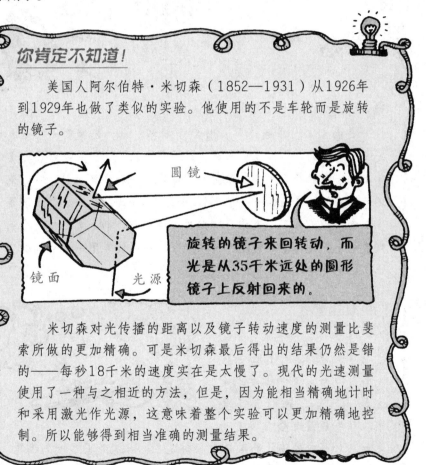

你肯定不知道！

美国人阿尔伯特·米切森（1852—1931）从1926年到1929年也做了类似的实验。他使用的不是车轮而是旋转的镜子。

圆镜

镜面　　　光源

旋转的镜子来回转动，而光是从35千米远处的圆形镜子上反射回来的。

米切森对光传播的距离以及镜子转动速度的测量比斐索所做的更加精确。可是米切森最后得出的结果仍然是错的——每秒18千米的速度实在是太慢了。现代的光速测量使用了一种与之相近的方法，但是，因为能相当精确地计时和采用激光作光源，这意味着整个实验可以更加精确地控制。所以能够得到相当准确的测量结果。

难以置信

有一位科学家在揭示光的秘密时起了关键性的作用——他就是艾萨克·牛顿。当然，任何一位老师都会告诉你，牛顿是以发现万有引力而成名的。可他们知道牛顿的宠物狗的名字叫"戴蒙德"（钻石）吗？

戴蒙德当然没有他主人的大脑那么聪明。这里有几篇戴蒙德的日记，从中可以看出他的想法。

宠物狗的 日记

——戴蒙德

牛顿

剑桥，1664年6月2日

我的主人，牛顿，今天脾气非常坏，噢，天哪，——他真是一个可怜的人。请注意，他急躁易怒，但无恶意——哈哈。实际上，牛顿的母亲才是应该受到责备的。我和牛顿在大学时，他还没有名气。牛顿的母亲很有钱，但从未寄给我们一分钱。于是可怜的牛顿不得不一边学习一边打工赚点钱。而他自己只能吃点残羹剩饭。我的情况更是可想而知了，我只能享用牛顿的剩饭。哦，这就是狗过的日子。

8月31日

牛顿发疯一样地咆哮（哦，疯子，某种程度上是这样……）。我们去了集市，可牛顿没有给我买哪怕

是一点点可口的橘汁和大棒骨，却花了一大笔钱买了一个棱镜。

噢，他称它"棱镜"，我却称它为一块愚蠢的、不能吃的三角玻璃。于是我呜咽着表示抗议，牛顿奇怪地看着我。

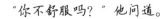

"你不舒服吗？"他问道。

我的主人常常和我说话，因为他的人类朋友很少。

"我很难过。"我回答。

可实际上这句话听起来更像"我想玩牌"。于是牛顿不再理我。哦，他还要继续工作，而我也累了，我满腹牢骚，于是，我就睡觉去了。

林肯郡伍尔斯索普村，1665年12月25日

我们和牛顿的母亲一起住在这里。这都是因为发生了"鼠疫"。哦，人类像苍蝇一样一群群地死去，学校也关门了，所以我们才搬到这儿来。这鼠疫对我而言反倒变成了好事。现在我的饮食由牛顿的母亲定时供应。好吃，圣诞节火鸡的骨架子，真好吃。

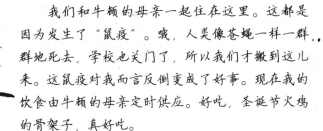

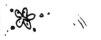

1666年1月1日

我的主人又没赶上晚餐……和往常一样，他起床以后就趴在桌子上涂写着那些莫名其妙的数据，同时嘴里还咕哝着有关光学的一连串莫名其妙的名词。他从来不换衣服，在这一点上倒是和我们差不多。请相信，我可是时刻准备着帮助我的主人的。

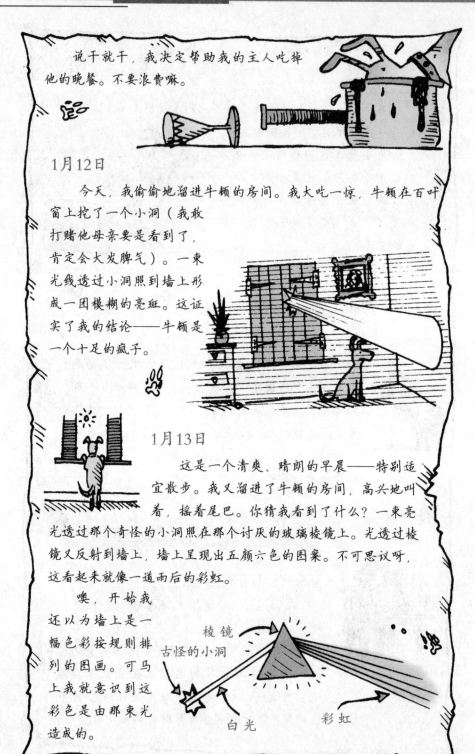

说干就干，我决定帮助我的主人吃掉他的晚餐。不要浪费嘛。

1月12日

今天，我偷偷地溜进牛顿的房间。我大吃一惊，牛顿在百叶窗上挖了一个小洞（我敢打赌他母亲要是看到了，肯定会大发脾气）。一束光线透过小洞照到墙上形成一团模糊的亮斑。这证实了我的结论——牛顿是一个十足的疯子。

1月13日

这是一个清爽、晴朗的早晨——特别适宜散步。我又溜进了牛顿的房间，高兴地叫着，摇着尾巴。你猜我看到了什么？一束亮光透过那个奇怪的小洞照在那个讨厌的玻璃棱镜上。光透过棱镜又反射到墙上，墙上呈现出五颜六色的图案。不可思议呀，这看起来就像一道雨后的彩虹。

噢，开始我还以为墙上是一幅色彩按规则排列的图画。可马上我就意识到这彩色是由那束光造成的。

棱镜

古怪的小洞

白光

彩虹

"可能是那棱镜有魔力吧。"我想。
这时我看到牛顿正高兴地咧着嘴笑呢。

"你觉得这彩虹怎么样？戴蒙德。"
他兴奋地弯下腰来贴近我，悄声说道。

这是牛顿攻克了一个难题后常出现的
反应。

"汪！"我回答道。"你肯定想知道
我是怎样做出来的，对不对？"牛顿又问
道。

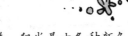

"是的。"我既好奇又幸运地听他继续讲述他的秘密。

"你知道，阳光是由各种颜色光组成的。"

我一边摇着尾巴一边饶有兴致地注视着牛顿。他不厌其烦地
对我说：

"当光线以一定的角度照到棱镜上时，都会发生不同程度的
弯曲和偏转。于是各种彩色的光从白色光中分离出来，你就看到
了彩虹。"

噢，他讲的这些科学知识完
全超出了我的智力范畴。无论如
何我禁不住要撒尿，幸好这时牛
顿的母亲听到了我的哀鸣声，她
知道该去遛狗了。

啊——总算解脱了。

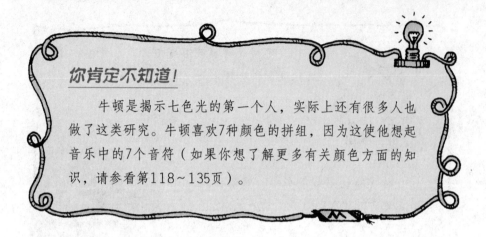

　　牛顿是揭示七色光的第一个人，实际上还有很多人也做了这类研究。牛顿喜欢7种颜色的拼组，因为这使他想起音乐中的7个音符（如果你想了解更多有关颜色方面的知识，请参看第118~135页）。

开辟道路

　　尽管牛顿不是利用棱镜产生彩虹的鼻祖，但他是第一个证明了这些彩色光是阳光的组成部分而不是由玻璃棱镜制造出来的。为了证实这一点，他让从彩虹中分离出来的红光再通过棱镜，红光却没有进一步分解。

　　牛顿在科学上开辟了新的道路，但他的工作也激起了层层波澜。他向英国皇家学会（这是1662年专为世界杰出科学家建立的俱乐部）寄去了很多手稿，可是他的竞争对手——科学家罗伯特·胡克

（1635—1703）却声称牛顿的实验并不正确。事实上，可能是胡克所用的玻璃棱镜没有牛顿的棱镜清晰，所以他得不到同样的结果。由于两人之间的争论常常是以相互谩骂的方式结束的，所以牛顿后来不再和胡克说话了。

牛顿后来不幸遭受了另一场突如其来的火灾。在戴蒙德日记中提到的那场鼠疫过后，牛顿返回了剑桥大学。有一个星期天，他去了教堂，由于忘记吹灭实验室里的蜡烛而引起了实验室的火灾。可能是戴蒙德也想做实验——不知为什么，它跳到了桌子上，碰倒了蜡烛引起了一场大火。据一篇报道说：大火毁掉了牛顿所有研究光学的手稿以及实验室里所有的仪器。我真希望可怜的戴蒙德能在狗窝里平静地死去。

牛顿凭记忆重写了他的光学笔记，可他直到1704年才出版他的著作《光学》。这时胡克已经死了，所以牛顿发表了关于光的结论性说法。当然，这还不是关于光的本性的最后的判决。牛顿只是推断出光是由极微小的颗粒组成的，可他无法看到这些微粒，所以他的想法也只能是黑暗中的一点亮光罢了——哈哈，在一个世纪之内一位才华横溢的科学家就观察到了各种光的问题。

可怕的科学名人堂

托马斯·扬（1773—1829）　国籍：英国

他2岁时就会看书，6岁时就已经把《圣经》阅读了两遍。年轻的托马斯·扬是绝顶聪明的，在学校里他才华出众，以至于所有同学在理科考试时都想挨着他坐。到了14岁，他已经能在教师的指导下设计望远镜和显微镜了。这时他已经学会了除英语以外的4种语言，他还打算自学另外几门外语（当然是作为一种放松方式）。

1797年，托马斯已经成为一名医生，而这时他的叔叔去世了，给他留下一大笔财产。当然这对于托马斯是一个好消息，他用这笔钱做

了他想要做的事——进行了大量的引人入胜的科学实验。

不幸的是，很少有人能了解托马斯的发现。他的文章冗长乏味，没有人愿意费力地去读他的文章——托马斯被皇家学院解雇了，因为他的文章太枯燥无味了（注释：这种事当然不会发生在你的老师身上，你不要做白日梦了，请继续将本书读下去吧）。

1803年，托马斯证明了光是以波的形式存在的。这是一个相当卓越的成就，因为你知道光波太小了，肉眼根本看不到——你手指甲缝里能容纳大约14 000个光波。事实上，光波也不是托马斯最早提出的。荷兰的天文学家克里斯蒂安·惠更斯（1629—1695）在1690年就已提出过这一理论。他是在进行了复杂的数学计算后提出这一看法的，但是只有托马斯·扬设计的实验才证明了光波的存在。

让我们看看他是如何进行试验的吧……

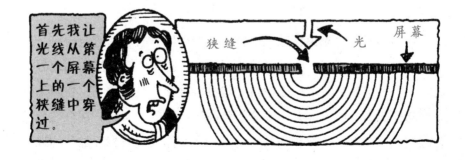

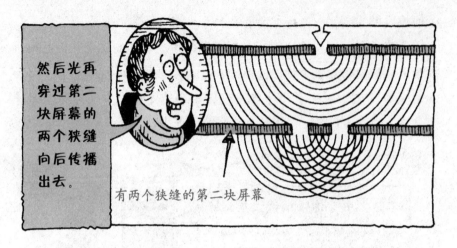

然后光再穿过第二块屏幕的两个狭缝向后传播出去。

有两个狭缝的第二块屏幕

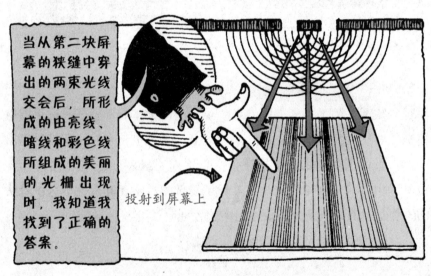

当从第二块屏幕的狭缝中穿出的两束光线交会后，所形成的由亮线、暗线和彩色线所组成的美丽的光栅出现时，我知道我找到了正确的答案。

投射到屏幕上

托马斯通过对光束穿过两个狭缝后传播出去的现象进行研究，揭示了光栅的形成原理。两部分波相互叠加，在彼此完全抵消的地方形成阴影——这就是暗带。还记得光是由多种颜色组成的吗？在两部分光波部分抵消的地方，有一部分颜色被抵消掉了；而另一部分颜色没有被抵消——这就是你看到的彩色带。在两部分光波相互加强的地方你可以看到亮度更强的光线——这就是亮带。明白了吗？

好奇怪的说法

一位物理学家对另一位说……

我正在研究光的干涉。

答案

　　1. 光的衍射是光波通过一个狭缝或小孔传播出去时发生弯曲（绕射）的现象。

　　2. 光的干涉是时髦词，用来描述托马斯所观察到的当两组光相遇时或相互增强，或相互抵消的效果（这种效果出现的最奇特之处——请留意本书的其余部分）。

最后的结论

　　逐步发现的许多证据表明，光的确是以波的形式存在的，即惠更斯和托马斯都是正确的。例如在1818年，法国物理学家奥古斯丁·吉恩·菲涅耳（1788—1827）用了高明的数学方法描述了光波怎样产生衍射和折射。可是，光仅仅是一大堆光波吗？牛顿关于光是微粒的设想仅是一种空想吗？

　　1901年，德国物理学家马克斯·普朗克（1858—1947）突破了其他学说的定论。他认为光实际上是由带有能量的"量子"组成的。普朗克通过计算表明，在一个黑色盒子中光能是如何转变成热能的。而他进行计算的基础就是假设光是以量子的形式存在的，这些光量子现在称为光子。

4年以后一位科学奇才用数学方法证明了普朗克是正确的。他没有用实验的方法而仅用一支笔和便笺簿进行计算就完成了这一证明。他证明了光是由光子组成的，由于每个光子的快速运动而形成了光波。这种说法逐渐被现代物理学家所接受。那么这位卓越的科学家是谁呢？

举世闻名的爱因斯坦

阿尔伯特·爱因斯坦以他的相对论而著称于世。他在1905年至1915年提出相对论学说：

> 我已经证明了时间和空间是同样的，而且时间受到速度的影响。

要是你听不懂他在说什么，不要着急——不只你一个人不明白。

> 爱因斯坦说的是什么意思，老师？

> 嗯，你今天学的已经足够用了，把你的课本拿出来。

这可能是一个绝好的机会,那就是证明你的老师或许也不知道该如何具体解释。

当然,许多知识渊博的老师可能会告诉你,爱因斯坦出生在德国,1905年在瑞士工作。从20世纪30年代开始他在美国定居。这里有5个关于令人敬畏的爱因斯坦鲜为人知的亲身经历。

1. 爱因斯坦在14岁时对光就很感兴趣,那时他总是做白日梦(毫无疑问那是在他感到烦人的理科课上)。他想象他正骑在一束光线上。

这是很危险的(那毕竟是做白日梦,你根本不可能骑到光线上——你不可能在光线里乘风破浪前进)。在那时,上课不集中注意力受到的处罚是用手杖敲打膝盖。历史上没有记载爱因斯坦是否受到了这种惩罚,但他很有可能有过这种遭遇。

2. 爱因斯坦最终被学校开除,他的老师最不能忍受他懒洋洋地坐在教室的后排,面带微笑却不认真听课。但爱因斯坦是个天才,他对自己的研究更感兴趣(不过,你可不能利用这个借口逃学)。

3. 有人认为爱因斯坦关于光的理论实际上是米列娃·爱因斯坦——爱因斯坦的第一个妻子建立的，因为爱因斯坦曾经谈道：

我所做的每一件事和所取得的成就都要归功于米列娃。

但是他们的儿子——汉斯·阿尔伯特解释说，尽管米列娃在数学方面给予了爱因斯坦很大的帮助，但确实是他自己创立了相对论学说。他父亲的意思可能是说米列娃精心地照顾过他，使他有时间和信心去发展他的理论。

4. 爱因斯坦死后，医生把他的大脑从颅骨里取出来存放在一个盒子里。他们试图找到使每一个研究人员都成为天才的途径。可事实上，爱因斯坦的大脑看起来和普通人并没有两样。

阿尔伯特·爱因斯坦（天才）

阿尔伯特·萨特沃兹（傻瓜）

5. 当爱因斯坦的大脑被取出时，医生们又取出了他的眼球作为纪念品。

你想要这些纪念品吗？你可能不想要。假如让你看怎样将眼球压碎会使你发抖，那么在你翻看下一页的时候最好闭上眼睛。

因为下一章就是关于凸起的眼球……

凸起的眼球

想象一下。一天早晨，当你睁开眼睛，却什么也看不见——眼前一片漆黑，伸手不见五指，好像又回到了黑夜一样。你可能会觉得自己眼睛瞎了，是不是？（你一定希望这还是在晚上，最好马上回去睡觉。）这样想起来实在有点恐怖。

啊！我的眼睛看不见了！

不！……我是在做梦，我的眼睛被一种什么东西粘住了？

哇！我喘不过气来，是不是我的眼球没有了？

噢！真得感谢眼球，如果没有它，你就看不到任何的东西。

凸起的眼球小测验

要是你希望了解更多的有关眼球的知识，这里有一个眼球的剖面图。下面要测验一下你能否把眼球的每一个部分和它们相应的数据及功能联系起来。

开始吧……

眼球的各个部分（编号从1到10）

1. 睫状肌；

2. 虹膜；

3. 视神经；

4. 具有视细胞（光感受细胞）的视网膜；

5. 角膜；

6. 睫毛；

7. 晶状体；

8. 房水；

9. 巩膜；

10. 眼肌。

顺便说一句，光感受细胞是由6千万兆个微小的胶状体组成的。这些你可能早就知道。

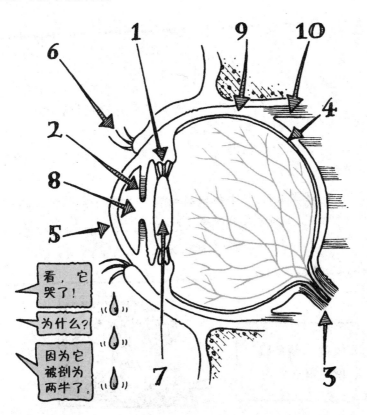

眼球各部分的数据或功能（编号从a到j）

　　a）有200根。

　　b）这部分有助于眼球保持形状。

　　c）它们阻止眼球溢出眼窝。

　　d）这部分带有颜色，用来阻止光线通过，可以防止你眩晕。

　　e）这部分有6.5平方厘米，没有它你什么也看不见。

　　f）这部分每天改变形状100 000次。

　　g）这部分控制眼球中f）所提到的那部分。

　　h）这部分从空气中吸取氧气。

　　i）这部分有100万个神经纤维。

　　j）你可以在这部分看到血管。

　　现在测验一下，你能不能把眼球的各部分的名称与它相应的数据或功能正确地联系起来？

　　1.g）。

　　2.d）。光透过瞳孔——虹膜中央的圆孔（你眼睛的颜色不会使你所看到的东西产生任何改变）。

　　3.i）。它们是神经纤维，它们的任务是将视网膜上捕捉到的光信号以神经信号的形式传递到大脑。

　　4.e）。这里有1.3亿个视网膜细胞用来检测光信号，但它们不能分辨颜色;感知光线颜色的任务由700万个感光细胞来完成（要想了解更多的有关彩色视觉的情况，请参看第130页）。

哎呀，我的眼睫毛要掉光了！

5. h）。角膜没有血管供给它维持生存所需要的养分和氧气，它从眼球中黏稠的液体里汲取营养，直接从空气中吸收氧气。

6. a）。它们3个月后会脱落，但是还可以生长出新的。

7. f）。晶状体像个双凸透镜，起调焦作用，它变厚或变长使得光线经过它的折射后都可以聚集在视网膜上，很神奇吧！

8. b）。联系得对。你看的这页书上的字正通过光的反射进入眼球，从角膜通过一池水状黏液（房水）向内传递。

9. j）。这是你眼球的眼白部分。当眼球受伤或得眼病时，眼球会发炎、肿胀，并且眼球看起来充满血丝。

10. c）。它们用来固定眼球，只允许眼球通过转动来观察周围事物。你的大脑指挥眼球的肌肉协调一致，配合工作；假如它们不能协同工作，你将会变成斜视眼，你愿意吗？

你肯定不知道！

1. 你的眼睛看见东西的过程是非常复杂的。当你看一件物体时，从它反射过来的光（光子）照射到视网膜的细胞上。于是视网膜的各种神经细胞开始活动，分别对物体的形状、颜色、明暗和立体等信息进行处理，然后把这些活动产生的一系列的神经信号传递给大脑。所有这些复杂的化学反应都是在瞬间完成的，而且每时每刻都在发生。

2. 你的视力好吗？你的眼力是像"针"那样尖锐吗？为什么不检验一下呢？你眼睛的视力正常情况下应该能看到65米以外操场上的一枚硬币，当然在做实验之前你最好先确认一下操场是否已经打扫干净了。

现在进行眼睛的另一项测试。

你敢……发现你的手上发生了什么明显的变化吗?

需要的物品:

一张30厘米×30厘米的红纸。

一只左手。(就请用你自己的左手,请放心你不会受到伤害!)

需要怎么做:

1. 将红纸卷成一个直径2.5厘米的圆筒。

2. 身体右侧靠窗站立。

3. 将圆筒放在右眼上,两眼一齐张开向前看。

4. 左手紧贴着圆筒左面,左手拇指压在握圆筒的右手拇指下面(如图所示)。

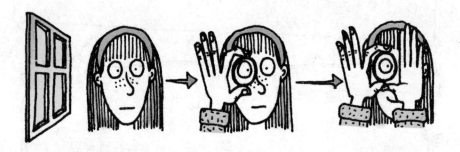

发生了什么?

a)你的左手……不见了。

b)啊!一个白洞出现在你左手上。

c)噢!不……你竟有两只左手。

答案

　　b)。你的左眼和右眼同时看到了不同的景物,你的大脑把它们综合起来形成了一个三维图像。这就是你为什么在这种情况下看东西会产生幻觉的原因。

你肯定不知道!

你的瞳孔在光线暗的地方会扩大以摄入更多的光线。单词"瞳孔"来自于拉丁语"小女孩"。你站在镜子前，就会在瞳孔中看到一个自己的很小的影像。对不起，男孩儿们，是古罗马人认为瞳孔里的影像像个小女孩。

但是讨论的是黑暗条件下……

有眼无珠!

喝茶休息时给老师的难题

给老师出的这个难题最好在阴暗、僻静的走廊（大多数学校都有这样一些走廊）上进行。另外还需要一本印刷字号很小的书（尽可能找一本字印得密密麻麻的深奥的理科书。显然，不可能是你正在读的这本书）。你伸手去敲那间墙上涂满白灰浆的房间的门，当房门打开时，你便露出一张带着甜甜的微笑的脸并问道……

您能帮我读一下吗?

看到老师费力地分辨着书上的小字，你一定在一边幸灾乐祸吧。这个恶作剧主要是为了引出下一个问题。为什么人们不能在黑暗中读书？

答案

这是个特别残忍的难题，因为实际有两种可能的回答。

1. 你的感光细胞可以检测到一些光子，但它们不足以形成文字的图像。

2. 你那可怜的视网膜已经疲劳，不在最佳状态了，它需要检测更多的光子才能进行综合分析——但要做到这一点，它必须让瞳孔比正常情况下更扩大些以便让视网膜得到更大的区域来收集光子，而这样一来也就使眼球很难聚焦于太小的字。

你的老师知道这两个答案吗？

你能成为科学家吗？

当然，这些关于视觉的重要测试并没有揭示其本质，科学家和医生通过仔细的研究找到了它们的规律。眼球是如何利用晶状体来聚焦光线的呢？这个问题是托马斯·扬于1792年通过解剖一个真眼球发现的。

这个真眼球是下图中哪一位的眼球？

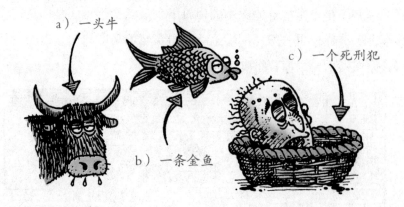

a）一头牛

b）一条金鱼

c）一个死刑犯

a）。是牛的。托马斯·扬将牛眼球一切两半，让一束光线通过瞳孔射入，然后就可以看到晶状体是如何聚焦光线的了。

考考你的老师

你可以通过提出这样一个棘手的科学问题来活跃一下游泳课的气氛，你肯定会引起一阵轰动。

为什么在水下看东西会感到模糊不清呢？

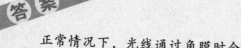

正常情况下，光线通过角膜时会发生折射（记住，那也叫弯曲）。当光线从空气中进入角膜时，就会发生这种弯曲（折射），这有助于光线聚焦在视网膜上使你看清物体。

　　而当你在水下时，光已经透入水中，所以它不再弯曲地透过角膜，结果光线就不能很好地聚焦在视网膜上，使人在水下看东西时觉得模糊。

光线不再弯曲

可爱的水，哇！

紧急安全警告

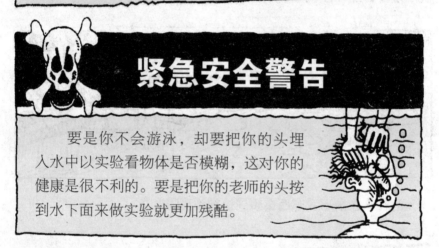

　　要是你不会游泳，却要把你的头埋入水中以实验看物体是否模糊，这对你的健康是很不利的。要是把你的老师的头按到水下面来做实验就更加残酷。

好奇怪的说法

　　一个眼科专家问：

视力（ACCMMO-DATION）调节*有问题吗？

你说的是……

不，妈妈说我可以待在家里。

*在英文中，accommodation既有"调节"的意思，也有"住所"的意思。

答案

不，调节是一种睫状肌改变晶状体形状以聚焦光线的工作过程。当你看近距离的物体时，晶状体变短变厚；而看远距离物体时，它又变长变薄，像角膜一样使光线折射，聚焦在视网膜上。如果视力调节有问题，则可能会让你撞到老师身上或电线杆上（要想了解详情请参看第112页）。

谈到眼病问题，假如你愿意的话，读读下面的问答就很清楚了。

亲爱的多克……

斯卡波医生每星期解答你们有关健康的问题，本周……

关于眼球的问题

亲爱的多克：

我是一名有严重视力问题的足球比赛的巡边员，当运动员处于越位位置时，我经常不能准确地判罚。我解释一下，多克，"越位"的意思是指当足球比赛时，进攻方传球的一刹那，如果攻方某队员和底线之间没有对方球员（守门员除外），某队员就是越位。正如我前面所说的，我总是拿不准攻方队员是否越位。你知道，他们跑的是那么快，球场上又是那么混乱……每当我判罚出现错误时，球迷就哄我，我伤心极了，难道我该退休了吗？

J.B.沃瑞德先生

亲爱的沃瑞德先生：

　　首先要祝贺你——你的视力是正常的。1998年眼科专家在西班牙的马德里通过反复测试得出结论:准确地把目光聚焦在一名移动的足球运动员身上需要花300毫秒的时间，而与此同时，运动员可能已经移动了2米多，所以很难准确判断运动员是否越位。噢，沃瑞德先生，这令人遗憾的测试结果是非常可靠的，我和《探照灯日报》的200 000名读者可以担保。

　　附言:我真不知道球迷是怎么判定客队的球员是否越位的。

亲爱的多克：

　　我总是感到眼前有些挥之不去的黑点——我是不是要变傻了？

　　　　　J.C.斯波蒂斯

亲爱的斯波蒂斯先生：

　　你所描述的黑点很可能是由你视网膜上的血块引起的。如果黑点较大则可能是由于视网膜损伤引起的。无论哪种情况你都该去看医生，他们肯定会帮助你的。

亲爱的多克：

　　在看一件东西时我总感到它的边缘是模糊不清的。我在注视电灯时，看到灯泡周围有一圈模糊的光环。"光环，光环，光环。"我自言自语——我希望能看得清楚些。

　　　　　N.D.达克太太

亲爱的达克太太：

　　听起来你像是得了青光眼。你眼球中在虹膜后产生的水样液太多，其原因我们医生也不清楚。水样液在眼球内产生过多后会向外挤压，一直挤压到你的视觉神经——将视觉信号从视网膜传到大脑的神经。这样就会导致视力下降甚至失明。但你别担心，你可以通过流泪来减少眼中的房水从而减轻其对视神经的压迫。

　　你感觉好点了吗？嗯？

亲爱的多克：

　　快帮帮我——我快要瞎了！我的视觉模糊不清，看东西总是有重影，我的眼睛怎么了？

　　瑞波女士

亲爱的瑞波女士：

你患的可能是白内障——眼球的晶状体中的液体因阻滞而发生了化学变化，产生了一个混浊区域，当两个混浊区对来自同一物体的光线产生折射时，就会看到重影。幸运的是，白内障可通过简单的手术予以摘除。

附言：针对白内障的一个民间传统的治疗偏方是：向眼内滴一滴热尿。不过我奉劝你千万别试——这不但毫无用处，而且还可能会引起感染。

不要错过下一周，要是你因鼻腔有问题而很不舒服的话。

亲爱的多克要治疗鼻子了……

引起白内障的原因很多，其中一个重要原因就是眼球受到阳光中过多的紫外线照射而引起晶状体损伤。

什么?

太阳是罪魁祸首！的确如此。

那么现在是揭开这个秘密的时候了，请往下看……

灼热的 ☀ 阳光

我们是幸运儿，每天我们都可以长时间自由地晒太阳，噢，加利福尼亚灿烂的阳光，真是太棒了！而西伯利亚的暴风雪，却没有那么美好。即使天气不好——也请你高兴一点，乌云总是挡不住太阳的。一切顺其自然吧。

太阳可以说是天空中的一个大灯泡，地球上所有生命的生存繁衍都要依赖于太阳。这个基本的事实甚至连外星人都知道……

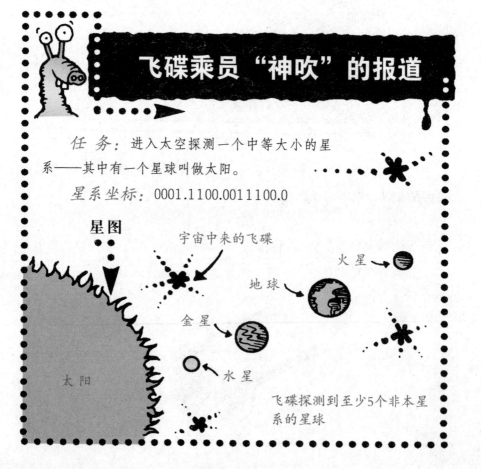

飞碟乘员"神吹"的报道

任　务：进入太空探测一个中等大小的星系——其中有一个星球叫做太阳。

星系坐标：0001.1100.0011100.0

星图

宇宙中来的飞碟

火星

地球

金星

水星

太阳

飞碟探测到至少5个非本星系的星球

智慧的生命：

在地球这个行星上，有各种各样的人。我们俘获了一个被称为"科学教师"的经过特殊训练的人并对他进行了深入的研

"科学教师"——发出尖细的声音"你—是—外—星—人！"

究。在这篇报道中，我们所使用的星体名字都是由地球上的人类命名的。

恒星太阳的状况：

它们的恒星太阳已处于中年时期，它的年龄在45亿岁左右，太阳中心的温度大约是14 000 000摄氏度。当它的原子发生聚变反应时向外发出大量的光子，这和其他类似的恒星是一样的。

行星地球的状况：

这个行星是唯一适合生命生存的行星，地球上的生命都依赖来自太阳的光。

人类，吃动物和植物

植物——绿色的不运动的生命形式，植物从阳光中摄取能量，把水和空气中的二氧化碳转化为有机物

动物——运动的生命形式，吃植物或其他动物

飞碟探测器测出，没有太阳就没有植物、动物，那么人类也就不可能摄取营养物质，更不知道午餐为何物了。

暂不入侵:

　　入侵地球不成问题——但根据对我们所俘获的教师的研究，我们知道人类要花很多时间在信息传播上，地球上的生活对于更高智慧的"生物"，例如"神吹"之类来说，是枯燥无味、不能忍受的。因此我们将教师头脑中有关我们来访的记忆抹掉后，把他放回到他原来的住处。

我这是在……啊，对了。史密斯，你的科学作业……

可怕的日食

　　关于太阳的一个戏剧性的现象叫做日食。这是由于月球阻挡了射向地球的太阳光而在地球上投下阴影造成的。

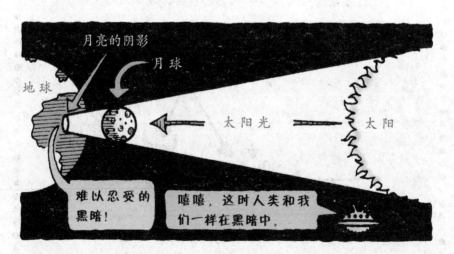

月亮的阴影

月球

地球

太阳光　　太阳

难以忍受的黑暗!

嘻嘻，这时人类和我们一样在黑暗中。

　　噢，你知道吗？最初人们不明白日食是怎么回事，于是他们就编造了很多故事及传说，并且举行一些极富戏剧性的仪式试图阻止日食发生。

　1. 最初，日食发生时，因为人们不明白是怎么回事，看起来好像是月亮要吃掉太阳，所以人们很害怕。按照古希腊作家瑟西蒂斯（前460—前400）的记述，在公元前6世纪的波斯（现伊朗），当日食出现时必须停止战争，两支军队各自撤回并商定一个月后重新开战。波斯人认为这样做可以消除日食带来的灾难。

　2. 古代中国人认为日食出现是天狗在吃太阳，所以他们就敲锣打鼓或击打其他器皿以驱吓天狗。

3. 北美洲原住民则将带有火焰的火箭射向空中，试图重新点燃太阳。

这是一次火箭射击训练！

4. 南美洲草原上的印第安人认为日食中太阳变黑是因为它的血被野狗吸干了。当然这些野狗吸错了对象。

5. 亚洲的一些鞑靼人认为太阳和月亮是被遥远的星球上来的吸血鬼吞掉了。

6. 在一些国家，人们认为在日食期间会流行疾病，因此在日食期间阿拉斯加的育空河部落的人们把锅碗瓢盆全部盖上。1918年，南美洲一场可怕的流感蔓延，造成数千人死亡。当地人就把这场灾难归咎于当时发生了一次日食。

你敢……试试怎样观察日食?

日食是相当罕见的，一年中出现的次数通常不超过5次。有些日食是你站在自己的花园中看不到的，如果你想看的话，必须长途跋涉到很远的地方——例如去北极看。噢，对了，当你到了可以观察到日食的地点后，我还要向你介绍一个既能观测日食又不伤害眼睛的办法。

提示：如果不出现日食，你可以用下面的方法安全地观察太阳。你可以试一试，就在家里观察一道明亮的日光。

需要的物品：

晴天的太阳；一张硬纸卡片，中间开一个圆形的小针孔，要保证这个小孔是通透的；一张平滑无皱的纸；测量用的卷尺。

需要怎么做：

1. 背对着太阳站立。

2. 举起硬纸卡片，以使太阳光穿过小孔照在平滑的纸上。卡片和纸两者之间的距离约1米。

3. 你会在纸上看到直径约1厘米的太阳的影像。

 紧急健康警告

观察日食时用眼睛直视太阳是危险的！你需要戴特殊的护目镜，否则强烈的太阳光会灼伤视网膜及晶状体上的细胞，引发白内障甚至导致失明。事实上，长时间注视任何亮光都是有害的。焊接工人如果不戴护目镜，就会得"弧光眼"而导致暂时失明，有时甚至是永久性失明。所以你如果敢冒险一试，也许就会成为一个瞎眼的傻瓜。

一个孤注一掷的决定

如果你认为观测日食有危险的话，并不会有人感到奇怪，沃伦·德·拉·儒（1815—1889）当初就曾对此感到非常害怕。

1860年，卓越的天文学家约翰·赫谢尔（1792—1871）邀请这位勇敢的英国摄影师去西班牙的瑞瓦百乐萨拍摄日食的照片，以证明一个科学论点。你可能会说："沃伦被晒得浑身黝黑，却只拍了几张休闲照片，这种孤注一掷的做法太冒险了。"噢，在1860年，照相机刚

57

刚出现，同时旅游业也还处于初始时期，所以沃伦的这次拍摄之行在当时就被视为相当了不起的事情了。

这里有一些沃伦的书信可能会让你了解到……

1860年7月17日
致约翰·赫谢尔先生
英国克佑天文台

亲爱的约翰先生：

现在我在瑞瓦百乐萨村，这是一次多么可怕的旅行——在坐船来西班牙的路上，我晕船呕吐不止。带到小村庄的设备又是那么笨重！你知道，我所使用的照相机和望远镜的组合体有几吨重，几乎和我一样高。而小村庄又距海岸几百英里，这里的路都是小路，弄得我浑身是土，不得不出高价雇了一辆散发着臭味的牛车。

这里真是观测日食的最佳地点吗？难道就没有近一点的地方吗？

噢，先写到这儿吧。我还会给你写信的。

你的疲倦的沃伦

沃伦

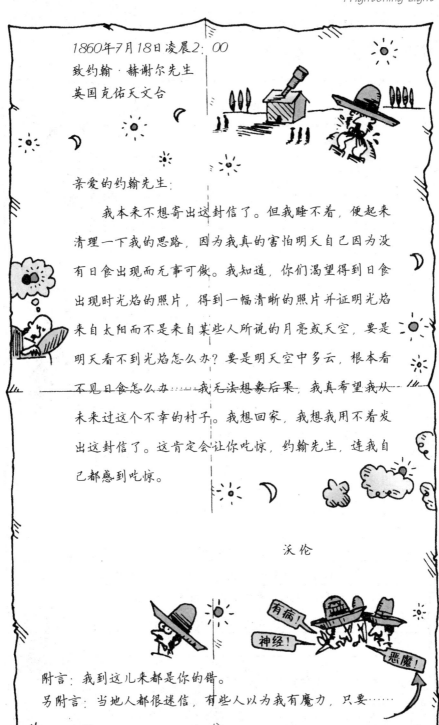

1860年7月18日凌晨2: 00
致约翰·赫谢尔先生
英国克佑天文台

亲爱的约翰先生:

    我本来不想寄出这封信了。但我睡不着，便起来清理一下我的思路，因为我真的害怕明天自己因为没有日食出现而无事可做。我知道，你们渴望得到日食出现时光焰的照片，得到一幅清晰的照片并证明光焰来自太阳而不是来自某些人所说的月亮或天空，要是明天看不到光焰怎么办？要是明天空中多云，根本看不见日食怎么办……我无法想象后果，我真希望我从未来过这个不幸的村子。我想回家，我想我用不着发出这封信了。这肯定会让你吃惊，约翰先生，连我自己都感到吃惊。

                                          沃伦

有病！
神经！
恶魔！

附言: 我到这儿来都是你的错。
另附言: 当地人都很迷信，有些人以为我有魔力，只要……

同时一些村民肯定想知道这里将要发生什么事。下面是一个少年对这个重大事件的记述。

日 食

佩得罗

老师给我们讲过日食的知识，但我们村里的老人们却说日食会带来疾病和灾难。爷爷也是这样说的，他说汗流浃背的英国人有一架魔法机器，只要他愿意，那机器要太阳变黑多久太阳就会黑多久。

日食那一天，天气晴朗，我和爷爷到山上占据了一个好的观察点，爷爷仍在不停地抱怨日食将要给我们带来不幸。这时周围聚集了很多人，英国人也架起了他的机器，我可以看到机器的头部伸出小屋屋顶，像一根巨大的炮管。

日食将要来临，我们看到月亮离太阳越来越近。这时远处出现了一个可怕的阴影，这是月亮的影子。巨大的黑影扫过群山，好像暴风雨就要来临。所有的景物都变得灰暗；所有的鲜花都黯然失色；所有的鸟儿都在树上打着瞌睡，就像黑夜来临一样，我也开始打起了哈欠。

"你已经不耐烦了吗？"爷爷喝了一声。

接下来的事情更加使人惊奇。太阳渐渐被月亮吞了下去！到后来只看到一个明亮的光环挂在黑色的天幕上。突然，我的头发根猛地立了起来，我最担心的事情发生了——那个光环也消失了，天空完全黑了下来，这时星星出现了。

太阳会永远消失吗？我情不自禁地紧紧抓住爷爷的手。

爷爷

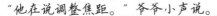

这段时间，那个英国人正在全力以赴地工作。他大声地喊着他的助手，然后钻进小屋操纵他的大机器，我们听到他一直在自言自语。

"他在说调整焦距。"爷爷小声说。

接着，爷爷弯下瘦骨嶙峋的膝盖，跪在地上，开始祈求上苍。可是天上没有任何太阳出现的迹象。

太阳哪儿去了？

几分钟过去了。

就在这时，天空中出现了

一丝亮光，犹如一枚钻戒镶嵌在黑色的月亮周围。大家欢呼着，我发现自己已经情不自禁地手舞足蹈起来了。"这是个奇迹！"爷爷喊着，挣扎着站起来。天已开始变亮，不久太阳又在蓝色的天空发出耀眼的光芒。日食让

人惊恐但同时又很辉煌。没有人生病，没有可怕的事情发生。我真希望每星期都能看到日食，这要比听爷爷胡乱弹奏吉他或听他唱老掉牙的歌谣强多了。

1860年7月18日下午4：00
致：约翰·赫谢尔先生
英国克佑天文台

亲爱的约翰先生:

　　一切都结束了，我也累垮了，筋疲力尽了。

　　噢，我尽力拍了35张照片，其中两张是太阳完全被遮盖的照片。照片照得虽然还不够理想，但是比我想象的要好得多！非常棒！你可以看清每一个细节，你可以看到非常清晰的亮光。这些使人炫目的亮光是从太阳发出来的！！！

　　感谢你，约翰先生，是你把我召唤到这个美妙的小村庄，这里的人们都很可爱。现在我要去参加一个大型的晚会，全村的人都来！

　　　　　　　　　　　爱你的沃伦

附言: 希望你能来这里！

一位科学家的手记……

　　与此同时西班牙科学之父安吉龙·塞克西（1818—1878）也拍摄了一系列这次日食的照片。塞克西虽然在距此400多千米的东南方，可是他拍摄的照片和沃伦拍的照片一样棒。这些照片最终证明了亮光的确是直接来自太阳的。

黑暗的秘密

　　发生日食时天变黑了，因为月亮把阴影投到地球上。固形物遇到光线通常都会产生阴影（这也是布罗肯山上的登山者"制造"出鬼影的原因）。能阻挡光线通过的物体都被认为是不透明的，你可以用一个不透明的物体制造出可怕的阴影来……

你敢……做一次鬼影游戏吗?

需要的物品:

一支铅笔;

一把剪刀;

一块黑纸片(也可以把白纸片涂成黑色);

一段铁丝;

胶带;

小手电筒(电池是新的);

一个宽敞的房间。

需要怎么做:

1. 用黑纸片剪一个妖怪(形状可以任意想象)。

2. 把铁丝用胶带粘在妖怪的下部做成一个柄。

3. 等到天黑时,拉上房间的窗帘,打开手电筒,将手电筒放在距白粉墙3米左右的地方。

4. 举着"妖怪"卡片的柄,让卡片处于手电筒光源和墙之间,墙上就出现一个逼真的鬼影。请继续举着,别弄坏了,这可是一个严肃的科学试验……

发生了什么?

a) 当你向墙移动"妖怪"卡片,使卡片远离手电筒时,则墙上的鬼影变大。

b) 反过来,当卡片移向手电筒时,它就阻挡住更多的光线,这时墙上出现较大的鬼影。

c) 当你不断左右移动手电筒,则墙上的鬼影向相反的方向移动,啊!妖怪活了!

答案

b) 是对的。"妖怪"卡片靠近光源时阻挡了更多的光线,在墙上投出较大的阴影。但大阴影的边缘比小阴影的边缘要模糊些,这是因为手电筒光束边缘的光照在卡片的边缘上,造成照在卡片边缘的光线不足,从而造成阴影的轮廓不清晰。

紧急安全警告

如果拿这个"妖怪"卡片去吓唬你的小弟弟、小妹妹是不对的，你说对吗？你一定不会这么干的，是不是？

神秘的星光

当然，天文学家不只对太阳光感兴趣，他们对所有的星光都感兴趣。要是你有志于长大成人后研究天文学的话，那你就应该学会使用望远镜。

星星离我们非常非常遥远。你还记得太阳光是用了大约8分半钟的时间才到达我们地球的吗？按光速每秒30万千米计算，太阳离我们的确很远了；但这么远的距离和其他恒星与我们地球的距离比起来，实在是太渺小了。距离我们最近的星座——半人马座，它发出的光线到达地球需要4年的时间！但这还算不了什么，要是你住在北半球，你能够看到的最远的星系是仙女座，它发出的光线到达地球则需要220万年的时间！而你却连等几分钟的公交车都嫌时间太长……

天文学家之所以对星光感兴趣，是因为没有星光就看不见星星，他们还通过研究星光的颜色来计算星体表面的温度。例如，发蓝白色光的星体，表面温度约为30 000摄氏度，而红色星体则是相当"冷"的，其表面温度只有约2000摄氏度。当然，这里说的"冷"只是与宇宙中的恒星相对比较而言的——地球上的最高温度出现在美国加利福尼亚州的死亡谷，在1917年这里曾达到过49摄氏度的高温。对人类而言，这里真称得上死亡之谷。

欢迎来到死亡之谷，真是个好天气！

我们还可以利用星体的温度精确地计算出星体间的距离。这一重要方法是由美国天文学家亨利埃塔·利威特（1868—1921）首先提出的。

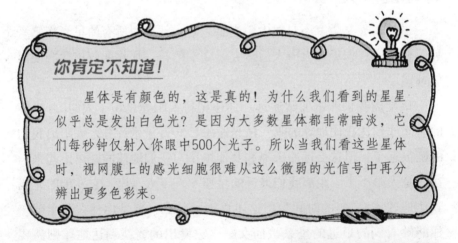

你肯定不知道!

星体是有颜色的，这是真的！为什么我们看到的星星似乎总是发出白色光？是因为大多数星体都非常暗淡，它们每秒钟仅射入你眼中500个光子。所以当我们看这些星体时，视网膜上的感光细胞很难从这么微弱的光信号中再分辨出更多色彩来。

你能成为天文学家吗?

你可能听过这样一首歌谣：

小小星星亮晶晶，为何老是眨眼睛？

当你观察星星时请考虑这样一个问题：为什么星星会闪烁（眨眼睛）？

a）因为它们发出的光忽明忽暗。

b）由于一阵阵风使星光发生折射。

c）因为快速移动的云彩遮挡了星光。

答案

b）是正确的。我们知道星光通过大气层时也会产生折射现象，而折射的程度又和空气的密度和温度有关。大气层有好几层，它们上下翻腾，动荡不定，各层大气的密度和温度都不相同，当星光穿过时，光线的折射也会随之变化，时而会聚，时而分散，因而产生了闪烁效果，就像星星在眨眼睛。事实上，月光也是这样的，只不过因为月球对我们来说显得非常大，所以你一般注意不到它边缘的闪烁罢了。

你肯定不知道！

要是你所在的地方远离闹市区，你就容易观察和辨认星星。在建筑物密集的市区，街道灯光、商店灯光以及住宅灯光很亮，又加上被空气中的水蒸气和灰尘反射，使夜空被照得很亮，这样便阻碍了你观测闪烁的星星。

如果说灯光对天文学家来说是令人讨厌的捣蛋鬼的话，那么灯光对于害怕黑暗的孩子们来说则是一个好伙伴。所以要是你在黄昏时看这本书，最好在你翻阅到下一章之前，打开你的台灯。

下一章将会给你许多启示……同时也会给你许多惊喜……

恐怖的光

这一章要讲一讲黑暗中的发光体。并不是所有的发光体都是像电灯泡的那种样子。是的——在人们发明电灯以前，甚至在人类用火照明之前，黑暗的世界中就出现了一些奇特的、不可思议的、闪烁不定的亮光。想知道更多吗？那就让我们来揭开这种光的神秘面纱吧……

神秘莫测的光档案

名　称：生物发光

基本性质：

1. 某些生物可以发光。

2. 它们体内的发光细胞中有一种被称做荧光素和一种称做荧光酶的化学物质。

3. 荧光素和生物体内的能量物质在有氧的情况下结合发出光线，荧光酶的作用是加速（催化）这种化学反应。

神奇之处：某些细菌能够发光，一些鱼的某些器官或表皮栖息着这种细菌后，在鱼皮或某些部位就会发光（下面还会讲到）。

离我远点，你这个发光的五八怪！

黑暗中发光的

动物园

欢迎来到世界上唯一的发光动物园……

"梳子似的果冻"

水母是低等动物，长约25厘米至30厘米。

分布地点： 太平洋和大西洋。

光的用途： 吓退攻击者。

发光细胞沿身体的脊背分布。

这是"梳子"

怕怕！

深 海 鱼

分布地点： 全世界的深海中。

光的用途： 引诱其他鱼类。

头上的"钓竿"的顶端有一团像虫子一样的东西（充满能发光的细菌）发着亮光，引诱小鱼们自投罗网。

真有趣！

萤火虫和发光虫

分布地点：萤火虫在北美洲、亚洲，发光虫在欧洲。实际上它们都是甲虫的变种。

萤火虫

光的用途：求偶信号。

两种昆虫都在尾部发光（想象一下，要是你有其中一种——你就不再需要后车灯了）。

发光虫

发光的浮游生物

浮游微生物的长度一般不到1毫米，被称为卵囊。还有一类外形像植物、头上伸出一条"鞭子"的浮游生物，称为鞭毛虫。

鞭毛虫

卵囊

分布地点：矿产资源丰富的世界各大洋中。

光的用途：吓退进攻者。海船上的厕所常用海水冲洗——正因为海水中有浮游生物，才使得厕所的便坑在黑暗中荧光闪闪。（这就是所说的"暗穴发光"吗？）

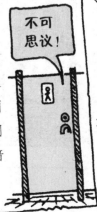

我们周围还有既不是动物，也不是植物的其他种类的发光体。

你能成为科学家吗？

200年前，你在回家的途中勇敢地决定要抄近道，走墓地中的小路。这时天非常黑——你很害怕……突然，你看到一束束可怕的光，这是什么发出的光？

a）是鬼魂，真是见鬼了。

b）是发光的昆虫，它们正在吃腐烂的植物。

c）腐烂尸体上散发出的气体。

答案

c）是正确的。英国维多利亚时代，在新公墓建立以前许多古老的教堂墓地已经"尸满为患"了。尸体被一个接一个地埋在很浅的土壤层中，腐烂的尸体经细菌分解产生沼气和磷化氢，当这些气体冒出地表时，和空气中的氧气化合，产生化学反应——生成一种被称为"鬼火"的幽蓝色火光。

墓碑

你肯定不知道!

磷是在黑暗中能发光的化学物质之一。它的原子能吸收光子，经过一段时间以后再将光子释放出去。像磷那样的化学物质常用做恐怖道具表面的涂料。在没有灯光和蜡烛的夜晚，这种道具能够产生意想不到的效果。

日新月异的人造光源

现在，只需要按一下开关，我们就会使满屋灯火通明，这已经成为我们生活的一部分。如果现在没有灯光，你就不会看到这一页书（那是很不幸的）。可是如果想象一下你生活在灯出现之前的几百年……不要害怕，你不必非用从死尸上放出的可燃气体作光源。但我想在那时，无论哪种选择对你来说都是很恐怖的。

照亮你的生活

购物清单

浪漫的蜡烛

为什么不用古埃及人使用的真正古代蜡烛呢？

哎！这是一个多么令人兴奋的选择啊！

我们不得不等了3500年才有人发明了火柴。

继续 ➡

传统的蜡烛

▶ 它是用牛、羊或马等动物的脂肪熬制而成的。

太太，蜡烛又用完了。

热来自蜡烛的火焰

火焰的热化了蜡烛

▶ 蜂蜡——蜡烛中的上品。原料，为蜜蜂吐出的真正的蜡质物体。蜜蜂用蜂蜡制成蜂房让后代居住。

烛芯吸收蜡烛油

现代石蜡蜡烛

▶ 从石油中提取石蜡。
▶ 燃烧得很好。

对不起妈妈，搞砸了……

哦！气死我了！

令人惊奇的弧光灯

由英国科学家汉弗莱·戴维（1778—1829）于1808年发明。

噢，蜡烛随着方舟熄灭了。

▶ 电流在两个碳棒间流过（一旦弧光发生后，两碳棒间要保持一定的距离，否则碳棒将会熔化而使弧光灯熄灭）。

发光的碳棒

电流

小贴示

这种灯也存在发生火灾的危险，因为它的亮度超过了4000支蜡烛的烛光。最后人们发现它唯一的用途是在城堡主楼的灯塔中照明，所以除非你的房子就是灯塔，否则一定不要使用它。

并且它的亮度几乎可以照瞎你的眼睛。

关掉那盏灯！

煤气灯

由苏格兰发明家威廉·莫多克（1754—1839）在1792年经过实验（其中包括用燃煤加热他母亲的茶壶）后发明的。

妈妈，我正在煮茶。

快点。

点燃煤气产生火焰

手柄是煤气开关

小贴示

为此，要在你的房间里铺设煤气管道，并且煤气是有毒的，也有发生火灾的危险。此外，煤气燃烧时有烟雾和臭味。

了不起的现代灯具

现代的灯更亮了。街上和路上的照明都用高压钠蒸气灯或水银灯。这些灯大都是以同样的原理工作的。

电流通过灯管，管中气体的原子吸收能量而发光。

肯定有某种东西流过灯管

你肯定不知道！

1. 荧光灯发光的基本原理也是一样的。你们学校和家里可能都有这样的日光灯。荧光灯的光其实非常闪烁，这是因为交流电的作用，虽然眼睛很难分辨这种闪烁，但它却影响着从视网膜传到大脑的视觉信号。一些科学家认为这可能是造成人们烦躁易怒的一个原因。不知你的老师是否有这种感觉，你敢去问他吗？

2. 突然受到闪亮的灯光或太阳光照射会使人们打喷嚏，科学家也无法解释这种有趣的现象。这有可能是肌体保护眼睛的一种方式。当我们打喷嚏时会本能地闭上眼睛，于是也就阻止了强光进入眼睛。很显然，在上面说到的情形中肯定是眼睛而不是鼻子对强光做出了反应。

改变世界的电灯

一项发明权也可以引起争执，例如到底是谁发明了电灯。每个美国人都说电灯是美国发明家托马斯·爱迪生（1847—1931）发明的；而每一个见多识广的英国人都会告诉你，电灯是英国发明家约瑟夫·斯旺（1828—1914）发明的。到底是谁说得对呢？继续读下去，你就会知道答案……

托马斯·爱迪生的日记

我有一个奇妙的想法，要创造一种新的光源。你所要做的就是让电流通过一根很细的丝，它会阻滞电的流动，电流受到阻碍而使细丝发热从而发光。这个发明就像我的其他发明一样，既简单又有效。

嗯——首先需要抽出灯泡中的空气，否则金属丝受热后会很容易着火烧毁！如果没有空气中的氧气，灯丝就不会燃烧——对吗？

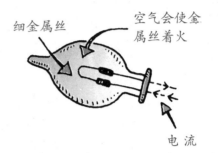

细金属丝

空气会使金属丝着火

电流

太阳报

1878年9月1日

让世界充满光明

卓越的发明家托马斯·爱迪生通过发明电灯而使世界变得明亮。爱迪生还没有造出第一盏电灯时，煤气公司的股票就暴跌了！天才爱迪生是以发明留声机（那是种新奇的机器，你可用它来听音乐）而闻名于世的。现在，他正在继续进行着关于电灯的研究试验。

1879年1月21日

只要有可能，我就要从事电灯的研究工作。每个家庭都需要一个或者是两个电灯，我也可能将因此而暴富，但

这只有当每一步计划都能顺利实施的时候才会实现。

由于一直盯着烧红的灯丝看，我的眼睛已经受到伤害……工作变得越来越艰难。

熔化

这些碳纤维肯定是烧断了，似乎我的抽气机不好，无法抽干净灯泡里的空气。于是我用铂丝来代替——它仍然熔化了。然后我做了个开关，当铂丝变热时就切断电源，但灯就变得忽明忽暗。噢，回到制图板前，我想说："发明是百分之九十九的汗水加百分之一的灵感。"

99%

1879年4月1日

我说到汗水了？噢，刚才我的确出了一身冷汗。坦白地说，我已经毫无办法了。我们已试验了上千种材料——橡胶、钓鱼线、木材等等。绝望中的我又用人的毛发做试验。我的两个助手自愿提供了毛发，约翰·克鲁斯利贡献了一大把浓密的胡子，而J.V.麦肯齐献出了坚硬的连鬓胡子。我的全体职员都很兴奋，有人甚至在打赌看谁的胡子能坚持更长的时间。

约翰　　　　　　　　　　　　　　麦肯齐

几小时过去了……

麦肯齐的头发似在发光！接下来——电流减小了，灯光太暗了，不能用了。胡说！我想这是有人作弊操纵赌局！我忍受不了这些失败——我决不允许报纸再登那些垃圾文章。也许我真的解决不了这道难题，从此成为一个被载入史册的可悲的失败者。

1879年10月17日

昨天晚上我坐在办公室里，而月亮像一只大电灯泡似的悬在我的头上闪光。

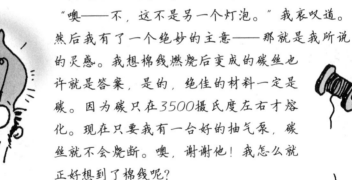

"噢——不，这不是另一个灯泡。"我哀叹道。然后我有了一个绝妙的主意——那就是我所说的灵感。我想棉线燃烧后变成的碳丝也许就是答案，是的，绝佳的材料一定是碳。因为碳只在3500摄氏度左右才熔化。现在只要我有一台好的抽气泵，碳丝就不会烧断。噢，谢谢他！我怎么就正好想到了棉线呢？

可它能行吗？

1879年10月21日

　　我几乎要哭了。我夜以继日地工作，花了很多时间去做棉线灯丝，每次都需要好几个小时，可在最后时刻它总是断掉了，它太细太脆弱了。噢，这是第3次了……我的心提到了嗓子眼，我打开了电灯开关，它亮了……可它能坚持多久呢？

　　继续亮下去吧……求你了。

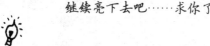

第3个

1879年10月22日

　　它继续亮着，亮着，昨晚陪着它我一夜没有入睡。我一眼不眨地观察了13个半小时，它一直亮着。啊！我成功了！我成功了！

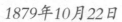

　　我激动地哭了，要是我年轻一些的话，我就会在地上翻跟头。我已解决了电灯的难题。不，我指的不是玻璃灯泡的难题，我的意思是我解决了如何使灯丝保持长时间工作的难题——在经过了5999次失败以后，我终于成功了！

名声大振！！

太阳 报

1879年12月31日

光的海洋!

伟大的发明家托马斯·爱迪生骄傲地向世人炫耀他的新发明。上千人注视着他用来照亮整个城市的3000盏电灯。每一盏灯看起来都像个小太阳。不会再有人因害怕黑暗而紧紧地抱在一起。托马斯·爱迪生为全国人民树立了一个光辉的榜样。但遗憾的是，当晚就有14个新灯泡被盗走了。

你也可以买一个电灯，每个售价50美元

你家中必须要有电才能使用电灯。爱迪生希望供电系统能在1～2年内投入使用。

公众请注意

爱迪生先生发明的电灯只需按一下开关就可以亮，不需要用火柴来点。

1880年1月1日

讨厌的报纸。我从报上看到，英国发明家约瑟夫·斯旺声称他发明了电灯泡，并且和我一样使用了碳纤维。

我咬牙切齿，勃然大怒。他说他的研究花了25年时间，有一个和我同样的故事，他一定是个剽窃别人成果的骗子。为了维护我的发明权，我一定要到法庭上去告他，这是我的权利——是的，告倒他！

我的灯泡

斯旺发明的灯泡

斯旺

可是英国法庭的调查证实，斯旺发明电灯泡的时间的确早于爱迪生。斯旺是个很有天分的化学家，一生有很多发明，比如人造丝就是他发明的。他在1879年2月就成功地制成了采用碳灯丝的灯泡。但是他没有申请发明专利，因为他认为人们可以随意使用这一成果。

如果你是托马斯·爱迪生，下一步该怎么办呢？

a）付给斯旺100万美元，以换取他停止生产电灯泡。

b）以低于斯旺的价格出售电灯而将斯旺挤出市场。

c）和斯旺联合。

答案

　　c）是正确的。1883年爱迪生和斯旺建立了联合公司。在此之前，爱迪生仍在继续他的实验。到了1880年夏天，爱迪生从燃烧后的竹子中得到了能更长时间通电发光的碳灯丝。

考考你的老师

　　现在，你可以在众目睽睽之下问老师是谁发明了电灯泡。要是你的老师知道，他会说是爱迪生或斯旺或两者都是，这时你就可以失望地摇着头说：

　　科学史上常有这样的事情。你了解的越多，答案就越复杂。在斯旺和爱迪生之前已经能够制作碳纤维的还有几位发明家。例如苏格兰发明家詹姆斯·鲍曼·林赛在1835年就制出了碳纤维，但他并没有告诉别人，显然他认为这个发明没有实用价值。无论怎样，科学家们在继续改进着爱迪生的原始设计，许许多多科学家花费了大量精力来发明更先进的电灯……

更加聪明的设计

现代灯泡使用了卷曲的钨金属灯丝，在灯泡内充入了氩气——在空气中存在的一种无害的惰性气体。

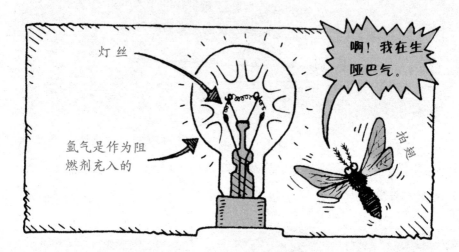

灯丝

啊！我在生哑巴气。

氩气是作为阻燃剂充入的

拍翅

先进的高熔点钨丝是美国人威廉·库利奇（1873—1975）发明的（瞧！他活到了102岁）。灯泡中充入惰性气体的想法是另一个美国人伊尔文·郎谬尔（1881—1957）提出的。

你肯定不知道！

灯拯救过生命。现在许多灯塔使用大功率电灯泡，以指引过往船只躲开暗礁。每一个灯塔都有它自己的特定的灯光信号，所以水手们在黑暗中仍能辨别航向。

嘿，等等……灯光信号是两长一短……

船嘎吱嘎吱地通过

　　当然，在别的许多灯具上你也会看到灯泡——甚至你自己就有很多灯泡，像在你的自行车灯中或手电筒中。仔细观察一下你的灯具，你会发现一种神奇的小配件——镜子。

　　它会使光线按照你的要求从灯泡中发射出来。更奇特的是，你会在下一章"玄妙的反射"里看到各种各样的镜子。

玄妙的反射

你面前是什么？发出刺眼强光，在里面还可以看见你自己的脸？这决不是你老师的秃头。

是镜子。当光线照射到镜子上，令人惊奇的事情发生了，光似乎被它弹射回来而形成一个影像，这种现象被我们称为光的反射。你已经知道了？！很好，反射在光学中是极其重要的部分，并且这种反射会突然发生在你意想不到的地方。

我们为什么不停下来做个光反射的小测验呢？

反射小测验

反射可以使……

1. 黑暗中马路边的路标牌发光。　　　　　　　　　（对／错）

2. 天上的白云发亮。　　　　　　　　　　　　　　（对／错）

3. 电视机显示图像。　　　　　　　　　　　　　　（对／错）

4. 贝类动物能看东西。　　　　　　　　　　　　　（对／错）

我不告诉你！

为什么你的眼里只有我？

5. 医生能查看你眼睛内部。　　　　　　　　　　　（对／错）

6. 错觉出现。　　　　　　　　　　　　　　　　　（对／错）

7. 天文学家能探测到太空中有一个黑洞。　　　　　（对／错）

8. 白雪晃花了你的眼睛。　　　　　　　　　　　　（对／错）

天啊，我成"雪花眼"了！

9. 外科医生不用开刀便可查看你身体的内部。　　　（对／错）

答案

1. 对。你可以在路标牌和路桩上找到很多微小的"镜子"，它们反射了车灯的光线。

2. 对。云彩由于反射太阳光而发亮。从地面上看乌云则又黑又暗，因为它们比普通云彩厚从而向上反射掉更多的太阳光。云彩在夜晚发光也是这个道理，因为云彩飘浮在高空中可以捕捉到已经落山的太阳发出的光。

3. 错。电视机内部没有镜子，其图像不是靠反射光显现的。

4. 对。扇贝是一种眼睛里有微小镜子的贝类动物。它的每只眼睛都有一层亮晶晶的水晶膜，可以将光反射到眼睛内部的视细胞上。科学家是通过在显微镜下观察扇贝后才得到这一结论的。他看到在动物的100只可怕的眼中反射出自己的尊容。

5. 对。医生使用眼膜曲率镜来查看你的眼睛内部。这种仪器将一束光照在弯曲的镜子上，由镜子将光线聚焦在你的眼球上，医生再通过镜中的小孔检查你的视神经和血管。

6. 错。错觉是由折射而不是由反射引起的（提示：折射就是光线弯曲）。

7. 错。光线是不可能逃离黑洞的（这也是它为什么叫黑洞的原因）。所以你不可能用镜子来聚焦从那里反射来的光。

8. 对。雪能充分地反射光线。你要是在明亮的太阳光下盯着雪看太久，雪的反光就会弄花你的眼睛。这就是滑雪者戴护目镜的原因。

9. 对。这种观察用的管子叫内窥管。它是由两束光纤（光导纤维）组成的。一束光纤用来将光线传输至体内——你可以想象成在你的喉管里放一个手电筒。另一束光纤则负责将体内反射的光线传输到医生眼中。谈到光纤……

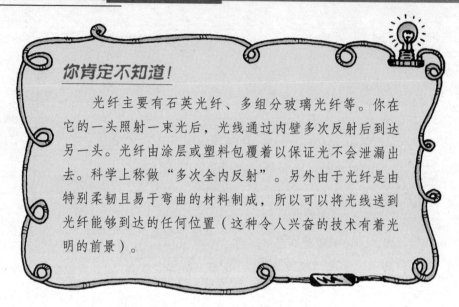

你肯定不知道！

　　光纤主要有石英光纤、多组分玻璃光纤等。你在它的一头照射一束光后，光线通过内壁多次反射后到达另一头。光纤由涂层或塑料包覆着以保证光不会泄漏出去。科学上称做"多次全内反射"。另外由于光纤是由特别柔韧且易于弯曲的材料制成，所以可以将光线送到光纤能够到达的任何位置（这种令人兴奋的技术有着光明的前景）。

好吧，这些都是反射的功劳。那么反射是怎么发生的呢？

神秘莫测的光档案

名　称：镜子和反射

基本情况：

1. 镜子是背面镀有银或铝的玻璃或透明塑料。

2. 反射是这样发生的……

物体

反射物

光子通过玻璃

眼睛

镜子

银或铝涂料

少量光子被闪亮的银色背面所吸收，大多数光子被银色面弹射回来形成反射

恐怖细节：镜子有很长很长的而且充满恐怖情节的历史……关于这一点你将会发现……

杀人的镜子

▶ 很久以前人们觉得在一个光亮的表面上看见自己的身影是件很惬意的事情，对着它你可以美滋滋地梳一梳头发或者挖出鼻孔中的堵塞物。

▶ 在古埃及，人们曾把很多东西作为镜子使用。如表面被磨光的金属、潮湿的石板、盛水的碗等等。但由于这些东西表面都不是十分光滑，所以反射出的影像不是很清晰。（为了看清你的脸，你需要有一个非常光滑的平面，使光子从相同的方向一齐反射回来——记住了？）

▶ 到了古罗马时代，制镜技术有了进一步的发展。罗马人在玻璃的背面贴一层薄锡做成镜子。不幸的是，这样的镜子给罗马人自己造成了一些灾难。传说古希腊伟大的科学家阿基米得（前287—前212）曾利用了一组镜子烧毁了进攻他家乡的罗马人的舰队。

许多面镜子都将太阳光集中反射到战船的一个点上，结果木板被加热直至燃烧。尽管这只是传说，历史上并无确切的记载，但这种可能性在理论上是存在的。

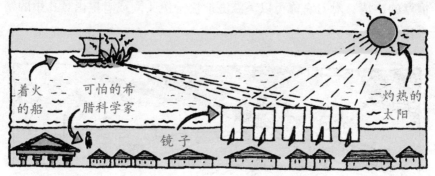

着火的船　　可怕的希腊科学家　　镜子　　灼热的太阳

▶ 中世纪的威尼斯人制成了世界上最好的镜子。威尼斯人掌握了把水银和锡的混合物涂在镜子背面的技术，这使镜子性能良好。这种混合物的配方是保密的，为了保密，制镜工厂被设在一个孤岛上。由于水银有毒，很多人死去了，或者因摄入了过量的水银而导致神经错乱。然而，他们被迫以生命为代价来保守这一秘密。

这个秘密太可怕了，泄密得死，不泄密也得死。

▶ 到了17世纪70年代，这个秘密终于流传到了法国，然后又传遍了整个欧洲。1840年，德国化学家贾斯特斯·冯·李比希（1803—1873）发现了用硝酸银和其他化学物质加热而将银涂到镜子背面的方法。这种方法至今仍在使用。

▶ 而此时，中国人使用磨光的金属做镜子已有2003年的历史了。某些这样的镜子被称为"魔镜"。你能揭开魔镜的秘密吗？

你能成为科学家吗？

将一束光射到魔镜上，抛光的铜面将光线和一个图案一起反射到屏幕上。

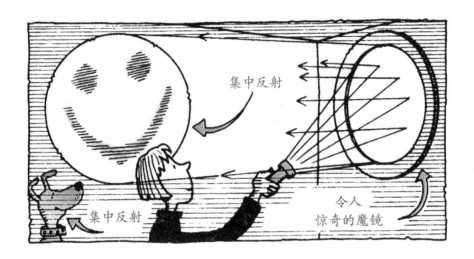

可是镜子表面上本身并没有图案，这奇特的效果又是怎样产生的呢？只有制镜工人才知道这个秘密。西方和中国的科学家多年都未能解开这个谜团。一些中国的思想家认为在镜子的正面刻着一个看不见的图案，能在反射光时显示出来。

你怎样解释这些魔镜呢？

a）中国的思想家是对的。在镜子的正面有一个很不明显的图案。

b）镜子发出X射线揭示了镜面下隐藏着一个图案。

c）镜子背面有一个隐藏的图案，它以某种方式从前面反射出来。

答案

c）是正确的。最早找到答案的是两位英国物理学家W.E.艾尔通和J.佩里，他们在19世纪90年代获准参观了制镜工厂。

1. 图案被刻在镜子背面

2. 镜子正面的一层金属，已经被磨得很薄了

3. 镜子背面有图案的部分和镜子表面反射的光，因图案与镜子的安放位置有一个角度而有所不同

4. 这就使得图案作为暗影在屏幕上出现

你在笑什么？

图案以暗影出现在屏幕上。

你肯定不知道！

中世纪人们确信，他们可以通过注视像镜子一样光亮的面而看到未来。这被称之为"预测术"——这就是最原始、最传统的占星家的水晶球。除此之外还常常使用盛水或盛血的碗。

从这一大碗血中看到你将漂洋过海。

旧事重提……

喝茶休息时给老师的难题

在你的爷爷奶奶年轻的时候，父母和老师总是强迫他们必须把皮鞋擦得亮亮的，有时甚至苛刻地要求皮鞋擦得能照出人影。现在给你一次报复的机会。你要有礼貌地敲响老师的房门，当门嘎吱一声打开后，你要面带甜蜜的微笑上前发问……

提示：虽然给老师拿一双有汗臭的运动鞋也没有太大关系，但你最好还是拿双新皮鞋去请他们指教。

新 皮 鞋 　　　　　　　　　　　臭 球 鞋

答案

　　像其他不光滑的物体一样，皮革表面本身也是粗糙不平的，这就使得它向各个方向反射光线，所以你就无法在鞋面上看到清晰的影像。如果皮革表面上的每一个小坑和不平处都被鞋油填平抛光的话，它就能很规则地反射光，使它看起来相当时髦。

你敢……试试镜子对光会产生什么作用?

需要的物品:

一面镜子;

你本人,特别是你的眉毛。

需要怎么做:

1. 站在镜前。

2. 挑起你的左眉(要是你不会,可挤压眉毛上方的肌肉往上抻)。

发生了什么?

a)镜子里的你挑起了左眉。

b)镜子里的你挑起了右眉。

c)镜子里的你大约半秒钟后挑起了右眉。

答案

b)。那是因为从镜子右侧来的光线总是以同一角度反射到左侧。于是你看到——从右边来的光射到了左边。这就是说,你在镜子中看到的影像总是处于相反的方位。

从右侧来的光反射到左侧

从左侧来的光反射到右侧

光的反射定律是在很久以前由一位出生在现在的伊拉克的科学家发现的。欧洲人称他阿汗泽,可他本来的名字叫阿布·阿尔–哈桑·伊本·阿尔–哈赛姆。下面是关于他的故事……

可怕的科学名人堂

伊本·阿尔-哈赛姆（965—1040） 国籍：阿拉伯

尽管阿尔-哈赛姆是一位杰出的科学家，但不幸的是他只能受一个疯狂的统治者——埃及人卡里夫·阿尔-哈基姆（985—1021）的驱使。

根据一个古老的传说，有一天阿尔-哈赛姆向卡里夫夸口说可以在尼罗河上建一座大坝，很明显，这在当时是根本办不到的。卡里夫便把他派往埃及南部的尼罗河上游，阿尔-哈赛姆看到尼罗河上有许多瀑布，这时他才感到自己错了，因为那里并不适合建大坝。当阿尔-哈赛姆向卡里夫承认自己估计错误时，卡里夫大怒。他让这位科学家站在一条凳子上，然后把凳子劈得粉碎。卡里夫是想警告阿尔-哈赛姆，没有让他像这条长凳那样被碎尸万段已经是够幸运的了。

被劈碎的应该是你！

卡里夫只给了阿尔-哈赛姆一个地位很低的官职。卡里夫是一个反复无常的人，阿尔-哈赛姆于是想了一个自救的办法——装疯。阿尔-哈赛姆被监禁起来，而卡里夫也就把他放在一边没有杀他。具有讽刺意义的是，几年以后，卡里夫自己却被人刺杀身亡了。这时阿尔-哈赛姆才告诉世人他一直是在装疯。

恼人的真相

当然，有一些爱较真的历史学家说这些不过是在这位科学家死后人们编造的故事，阿尔–哈赛姆从未在自己的传记中提到过这些事。可他为什么非要提到不可呢？他很可能想忘掉那些事，他为什么要重提那些伤心的往事呢？对此，你是怎么想的呢？

这位科学家后来在阿兹哈的伊斯兰教寺院找到了一份教书的工作，并负责抄写古希腊人的手稿。在那里，他对光学产生了浓厚的兴趣，并写出了一本专著《光学全书》。他在书中叙述了很多了不起的发现（遗憾的是，他没有写明实验细节）。

光学全书

伊本·阿尔–哈赛姆 著

我不想吹嘘自己，但我不得不说实话，承认我是一名杰出的科学家。我发现了前人从未发现的有关光的许多秘密。此外，我还通过数学计算以及亲手用镜子做实验来证实了我的全部发现。

1. 光是由发光的物体发出的。一些古希腊作家认为光是从眼睛发出来的，这些光照到物体上才使物体被看见。可是我，阿尔–哈赛姆，已经证明了他们的观点都是错误的！

2 光是以直线的形式传播的。我说过，我不想吹嘘自己，可这的确是在我富有独创性和想象力的实验之后得出的结论。我先在墙上挖了个小洞，让光线穿过小洞射入房间。然后我检测这道光线并发现它完全是笔直的。天才的发现！

3 光线总是以一定的角度进行反射。经过我这个最卓越的天才的大量仔细、艰苦的测量，我证明了——如果光从镜子左边射过来，那么光线就会反射到镜子右侧。反过来也是这样，并且总是以一定的角度反射。

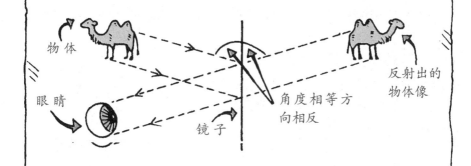

物体

眼睛

镜子

角度相等方
向相反

反射出的
物体像

尽管我只是一个谦卑的人，但我相信历史将会记住伊本·阿尔–哈赛姆这个名字，全世界的人都会了解我的发现！

可是当时人们对光学并不感兴趣，以至于在200年之后阿尔–哈赛姆的著作才得以在西方出版。你想成为一个像阿尔–哈赛姆那样发现光的反射定律的科学家吗？下面就给你一次机会……

你敢……在"哈哈镜"前照一照你的"真容"吗?

需要的物品:

一把表面光洁锃亮的金属汤勺。

需要怎么做:

1. 举起勺对着你的脸,像照镜子一样看着它。

2. 先用勺的背面然后用勺的正面。

发生了什么?

a)在勺背面看到脸的倒像,而在勺正面看到脸的正像。

b)我的脸在勺的背面显得很胖,而在勺的正面照出的是有长脖子的倒影。

c)我的脸在勺的背面显得很正常,而在正面却显现出一张大嘴。

答案

b)是正确的。勺的正面是凹面——中心弯曲(想象成同样形式的山洞形状)。

勺的凹面

凹进去的山洞

在凹面勺的情况下,当勺的正面在反射你的脸时,勺的上半部反射你脸的下半部;勺的下半部反射你脸的上半部。

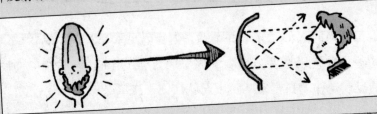

答 案

这样一来，你就会在勺的上半部看到你脸的下部；而在勺的下半部则看到你脸的上部，显然你的脸的影像在勺中是倒过来的。

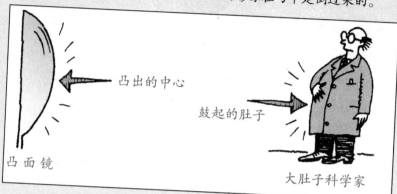

凸出的中心

鼓起的肚子

凸面镜

大肚子科学家

把勺翻过来，你就会面对一个鼓起的，即科学家所说的凸面形状。凸面镜在反射来自你脸上的光时是向外发散的，这样就使脸的影像看起来显得更圆更胖（显然，这时你的影像是正的）。

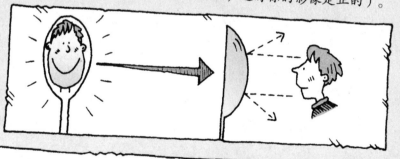

 紧急健康警告

你的父母可能不会欣赏你在吃饭的时候完成这项有趣的实验，尤其是当你风度优雅的家人们都在静静地等菜汤时，你却在对着手里的银勺扮鬼脸。

你敢……发现魔鬼现身的秘密吗？

（这个小实验非常有趣，保准你做过后还想做。当然，这都是科学游戏。）

需要的物品：

胶带、剪刀；

小手电筒；

一面镜子——大约24厘米×36厘米是最理想的；

一张黑纸（比镜子大）；

一支铅笔；

一支碳素墨水笔；

一间白色墙壁的房间。

需要怎么做：

1. 用铅笔在黑纸上画出鬼怪的轮廓。鬼怪的轮廓要小于镜子。

2. 沿轮廓边缘将鬼形剪下（不用）。

3. 将已挖去鬼形的黑纸用胶带粘到镜子上。使鬼形空洞位于镜子中间。

4. 用碳素墨水笔在镜子上的鬼形内画出鬼的特征（眼睛、鼻子、嘴等）。

5. 这个实验要在黑暗的房间里做。最好是等到晚上——毕竟那才是鬼怪应该出现的时刻。

现在行了吗？　　　可以啦！

6. 将镜子稳定地靠在椅子靠背上，镜子应当离墙壁2米远。打亮手电筒照射镜子，你刻画的鬼形就会出现在墙上了。

7. 移动手电光使鬼怪像是要腾空一样。

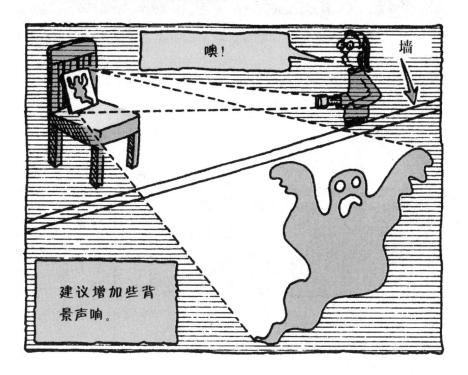

发生了什么？

a）手电筒射出的光被黑纸和墨水笔画的黑线反射到墙上。

b）手电光只被镜子（未被黑纸遮挡部分）反射而不被黑纸和黑线反射。

c）被照射到的所有地方都反射光。

答案

b）是正确的。黑线条和黑纸基本上不反射光，它们的原子吸收光子，这就使它们反射到墙上的光子是很少的。而镜子上黑纸挖空部分的镜面反射在墙上的正是你能看到的鬼怪形象。

紧急安全警告

1. 直到你和父母一起检查镜子放置在椅子上是稳定可靠的，才可以开始做这项实验。注意别打碎了你奶奶的镜子——如果这镜子是古董，那就更珍贵了。

2. 用手拿镜子时千万要小心，这面大镜子是用玻璃制成的（真的是玻璃）。它们很容易被摔碎并容易伤人，传说打碎镜子会带给你7年噩运。

讨厌！我已经6年零11个月零30天没打碎过镜子了！

哗啦！

哎呀，那就该有灾难了！

3. 确认你所用的墨水笔画在镜子上的线条是可以用水擦洗掉的。

当我们在谈论可怕的光的时候，我应该提醒你下一章的内容。请注意在下一章里，代替恐怖鬼怪的角色是丑陋凶恶的蜘蛛。

它会把你吓得连袜子都跑丢了吗？请继续往下读吧……

啊！

神奇的折射

以下这些东西所具有的共同特点是什么？

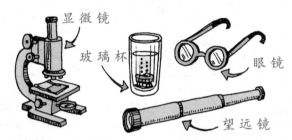

噢，它们都用到了玻璃（全部或部分是用玻璃制成的）。但这并不是完整的答案……放弃了？噢，另一个答案是它们都能弯曲（折射）光线。那么这一点是怎么验证的呢？好，请注意看下一段。

神秘莫测的光档案

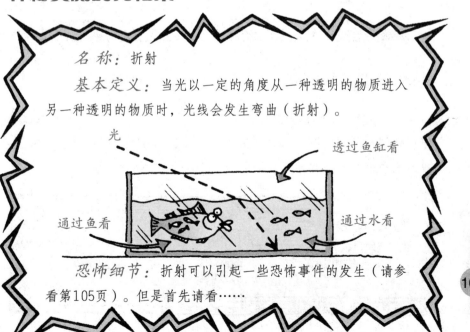

名　称：折射

基本定义：当光以一定的角度从一种透明的物质进入另一种透明的物质时，光线会发生弯曲（折射）。

恐怖细节：折射可以引起一些恐怖事件的发生（请参看第105页）。但是首先请看……

下图是光射到鱼缸进行折射的放大示意图。

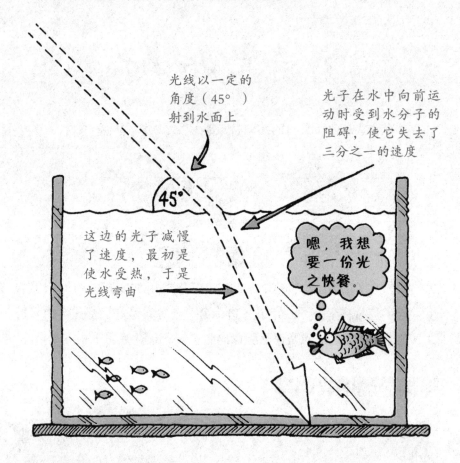

光线以一定的角度（45°）射到水面上

光子在水中向前运动时受到水分子的阻碍，使它失去了三分之一的速度

这边的光子减慢了速度，最初是使水受热，于是光线弯曲

嗯，我想要一份光之快餐。

神奇的折射

1. 你曾经注视过游泳池底想知道它到底有多深。噢，实际上它比你感觉到的要深一些。折射现象使得池底的反射光线弯曲，所以在你看来池底离你似乎并不远，你会误以为池水并不那么深。

妈妈，水不深，我下去玩玩！

2. 告诉你……

3. 注意你在水中的腿，它们看起来显得又粗又短。真的——说实话，我并没有挤压你的腿。

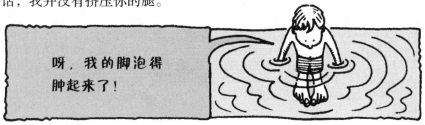

4. 在南美洲、大洋洲和非洲的一些地方，人们仍然用矛捕鱼，由于光折射的原因，鱼总是逃脱了。这种事情已经司空见惯了……

105

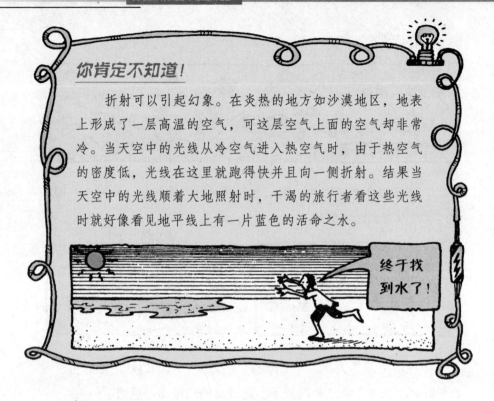

你肯定不知道!

　　折射可以引起幻象。在炎热的地方如沙漠地区,地表上形成了一层高温的空气,可这层空气上面的空气却非常冷。当天空中的光线从冷空气进入热空气时,由于热空气的密度低,光线在这里就跑得快并且向一侧折射。结果当天空中的光线顺着大地照射时,干渴的旅行者看这些光线时就好像看见地平线上有一片蓝色的活命之水。

> 终于找到水了!

物体的消失

　　折射还可以引发更加离奇古怪的事情——折射可以让物体消失。噢,你可能不相信我的话。不妨来试一下……

你敢……试着让一枚硬币消失吗?

需要的物品:

一枚1美元的硬币;

一个洗手池;

一把尺子。

> 可以,只要它不是在买糖果时消失的就行。

需要怎么做:

1. 向洗手池中放水达到4厘米深。

2. 将硬币放入池水中。

3. 蹲下去使你正好看到硬币处于洗手池的边缘（如图所示）。

4. 轻轻地提起放水的塞子，使水面缓缓下降。

当池中的水顺着排水孔逐渐下泄时，硬币渐渐地消失了。为什么？

a）咦！我的硬币流走了！

b）水折射了从硬币反射回来的光线，这使得硬币看起来比它实际的位置更远些。

c）从硬币来的光线受到折射后使得硬币看起来显得更近了。

答案

c）是正确的。水将光线弯曲后射向你，于是硬币看起来更近些。当排水时，光线的折射逐渐减弱，硬币似乎逐渐向你的方向移动，直到消失在洗手池边缘。但实际上硬币在整个过程中并没有移动。

如果折射可以使硬币逐渐消失，那么它是否也可以使较大的物体消失，甚至使一个人消失？下面给你讲一个故事——你来判断一下这是不是真实的？

现在你看得见我，
一转眼你就看不见我了

1897年，伦敦

今晚我将变成隐身人。当我看着我的身体消失时，我回想起我曾经在黑暗中多么努力地工作，而没有人知道我是怎么想的。经历了这么多年的挫折、贫穷和失望，现在我终于成功了。这是一次神奇的、恐怖的经历。首先，我服了几天的药，将我身体中的色素全部除去，使我的皮肤和头发变得雪白（直到现在药物的副作用仍使我全身疼痛不已）。然后，我站在两个电极之间。电极发出的射线会使我消失。这种射线改变了我体内的水分子，使它们遇到光线后不再产生折射，这时光线穿透我的身体就像透过空气一样。

当射线照射在我身上时，我感到自己正在变成一个鬼怪。我的雪白的脸和头发慢慢地变得灰暗朦胧，直到我在镜中什么也看不见。我的胳膊及腿上的皮肤看上去就像是玻璃——我可以看到皮下的脂肪和神经。

接下来，我身体的各部分都逐渐消失了，直到我仍然站在镜前却只在镜中看到一个空荡荡的房间。

答案

绝妙的故事，是不是？这是摘自H. G·威尔斯（1866—1946）的《隐形人》。

但这仅仅是一个虚构的故事而已。因为：1. 故事中所描述的射线是不存在的。2. 如果试验者的全身没有色素的话，那么他的视网膜也就没有色素细胞来帮助他看清东西。3. 眼睛的晶状体和角膜折射光线并把光线聚焦在视网膜上（记得前面讲过的这些内容吗？参见第41页）。可是如果像作者所描述的，隐形人的身体不折射光线的话，那么他眼中的这些组织也就不能折射光线，这样的话，他怎么还能在镜子中看见空荡荡的房间呢？

卓越非凡的透镜

抛开隐形人的故事，那么透镜才是最卓越的折光器件。透镜可分成两种主要类型，即凸透镜和凹透镜（记住这些名词）。

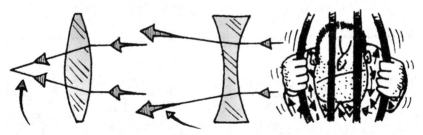

凸透镜使光线
向内弯曲（折射）

凹透镜使光线向
外弯曲（折射）

逃犯想弄弯铁栏

好，让我们透过这些透镜看一看，我们看到一只特别令人讨厌的毛茸茸的蜘蛛，我们现在就来观察它……

1. 通过凸透镜蜘蛛显得更大了，让我们看一眼蜘蛛的脑袋。

2. 光反射出蜘蛛的丑陋嘴脸，让人看得一清二楚。

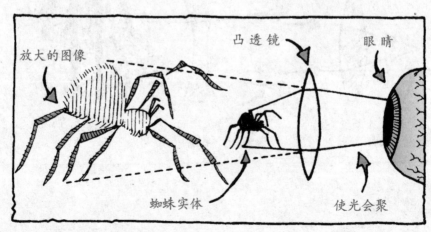

凸透镜将光线弯曲会聚到一点。

3. 如果你凑近注视这个点，你将会看到拉近了的蜘蛛头部放大像。它的头上有8只十分明亮的眼睛也在透镜那边注视着你。

让我们用凹透镜来对蜘蛛再作一次观察。是的，这也完全是科学研究的需要。

1. 凹透镜向外发散光。

2. 当你通过凹透镜看蜘蛛时，它显得比实际小些。哟，不会这么糟糕吧，嗯？

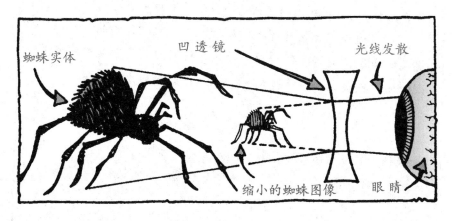

可见，凹透镜把物体缩小了而凸透镜把物体放大了。在照相机、双筒望远镜、显微镜中，你可以毫不费力地找到凸透镜。它也被装配在科学仪器中用来放大物体。

当然，如果你是戴着眼镜读这一页书的，你就会知道关于透镜的一切了。你已经有两只透镜架在你的鼻梁上了，可是你为什么要戴眼镜呢？

好奇怪的说法

一个眼科专家说：

> 你可能是
> 远视、近
> 视或散光。

这些都会致命吗？

答案

不，它们仅仅是由于聚焦有问题而引起的眼疾。

1. 远视是因为眼睛的晶状体不能充分弯曲，使得近处物体发出的光不能准确地聚焦在视网膜上。所以近处的物体看起来模糊不清。要是你的眼球太短的话也会引起类似的问题。

2. 近视是因为远处的物体反射的光线通过你的晶状体时变得太弯曲了，使得物体的影像聚焦在视网膜前面，这样你看远处的物体就会模糊不清。同样，如果你的眼球太长也会导致类似的问题。

3. 散光是由于角膜形状稍有改变而引起的，这也导致影像部分模糊。只要是你患有以上三种眼疾中的一种，你就需要戴眼镜或隐形眼镜以矫正视力。千万不要有顾虑，戴眼镜的人往往被认为是知识渊博，儒雅高贵的人，并因此受人尊敬。

奇妙的眼镜

1. 发明的第一副眼镜是凸透镜做的。它大约是13世纪发明于意大利，是由远视患者佩戴的。

2. 正如上面刚介绍过的，远视眼的晶状体不能将光线向内充分弯曲，造成影像不能聚焦在视网膜上。

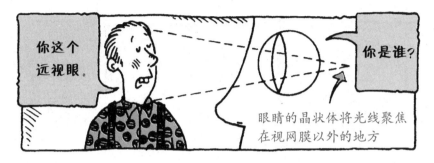

一个凸透镜进一步将光向内弯曲以聚焦成图像。

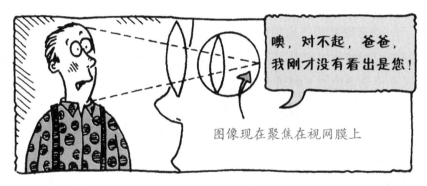

3. 凹透镜大约是在1451年制成的，德国牧师尼古拉斯·卡莎（1401—1464）用这种形状的透镜做成近视眼镜帮助患近视的人。一个多么具有远见的人！

4. 近视眼的晶状体将光线过于向内弯曲，使光线聚焦在视网膜前面而没有聚焦到视网膜上。

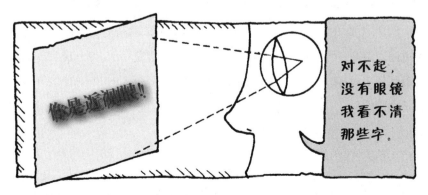

凹透镜使光线发散，所以近视眼经过它矫正后，光线就能聚焦在视网膜上。

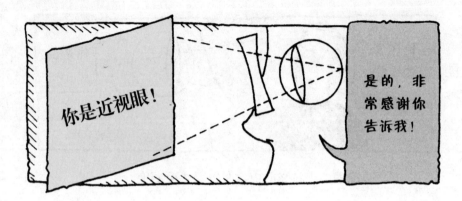

5. 隐形眼镜和普通眼镜有同样的功效。现在的隐形眼镜做成适合人眼球的形状，它们是采用材质柔软的水样塑料制成的。但是第一副隐形眼镜是由德国人阿道夫·费克（1829—1901）于1888年用玻璃制成的。玻璃会摩擦眼球，使眼球疼痛发炎。发炎的眼睛又怎么能看清东西呢？

6. 阿道夫设计的隐形眼镜能很精确地适合眼球的形状，因为只有这样才能准确地将光线聚焦在视网膜上。为了做到这一点，阿道夫使用死人的眼球做模子来制作隐形眼镜。

7. 别担心，现今的眼镜制造商那里肯定没有一抽屉眼球模子。现在人们使用一种角膜测量仪来测定你眼球的曲度。这种测量仪将一束光射入你的眼球（可受到眼球的反射）并记录反射光的位置，然后再根据记录的数据精确地计算出眼球的曲度。

8. 对下面的事情不要大惊小怪，是两位眼镜制造商发现了眼镜的新用途。1608年，荷兰眼镜制造商汉斯·利普塞（1570—1618）发明了望远镜；不久之后，他的助手赞恰瑞斯·简森（1580—1638）发明了显微镜。

你肯定不知道！

汉斯·利普塞在观察了两个孩子玩透镜后，产生了制造望远镜的想法。有个孩子把两块凸透镜隔开一段距离放置，他们惊奇地发现：他们（通过两个透镜）可以看清当地教堂塔尖上的任何细节。显然不是汉斯也不是其他人有意识地要做这个试验。后来荷兰政府给了汉斯900弗罗林（银币名）以奖励他的发明，而那两个可怜的孩子却没有得到一分钱（甚至不知道望远镜这回事）。

天啊！我看清了，那些骗子把钱藏起来了。

顺便谈一下望远镜……

可怕的解释

啊！色差！

听起来很可怕，这就是世界末日吗？不，色差的出现意味着他的望远镜出了问题。这是由于不同波长的光折射率不同引起的。传统的

115

望远镜由两个或者更多凸透镜组成，透镜将远处物体的光线聚焦在你的眼球上。

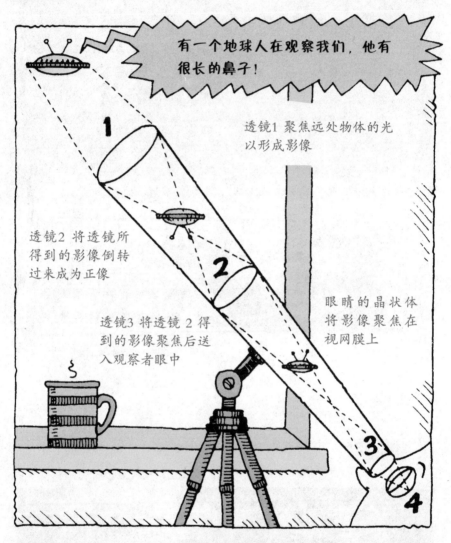

有一个地球人在观察我们，他有很长的鼻子！

透镜1 聚焦远处物体的光以形成影像

透镜2 将透镜所得到的影像倒转过来成为正像

透镜3 将透镜 2 得到的影像聚焦后送入观察者眼中

眼睛的晶状体将影像聚焦在视网膜上

但这里有个问题，因为不同颜色的光以不同的角度折射，它们不会都精确地聚焦在同一点上，所以影像的边缘就会有一个彩色光环围绕着——那就是色差。

现在的天文学家是幸运的，因为艾萨克·牛顿在1668年已经解决了这个问题。他设计的望远镜用一个凹面镜来替代透镜聚焦光。因为镜子是以同一路径反射所有波长的光，所以影像周围就没有光环。牛顿的设计至今仍在应用。

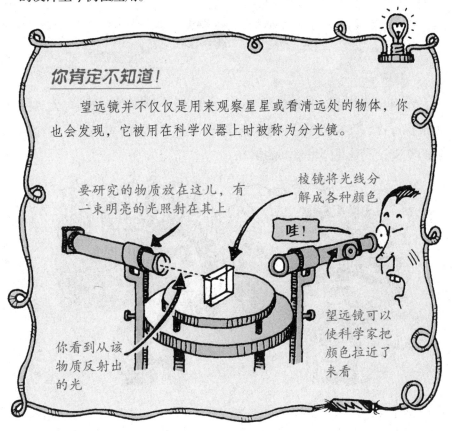

你肯定不知道!

望远镜并不仅仅是用来观察星星或看清远处的物体，你也会发现，它被用在科学仪器上时被称为分光镜。

要研究的物质放在这儿，有一束明亮的光照射在其上

棱镜将光线分解成各种颜色

哇!

你看到从该物质反射出的光

望远镜可以使科学家把颜色拉近了来看

谈到颜色你最好仔细阅读下一章，在那里就将充分讨论有关色彩的问题。是的，色彩是起决定性作用的——我的意思是，要是司机不能分辨红绿灯的话，那他们只配躺在医院里。

噢，绿灯亮了，你可以翻页了。

各就各位，预备，翻页!

至关重要  的色彩

没有色彩的生活是很难想象的，它就像一台单调乏味的老式黑白电视机一样。没有色彩你就永远不能欣赏孔雀开屏的美丽；夕阳如火般的红霞；或是花园里盛开的鲜花。

请注意，你不必害怕你婶婶卧室里那些猩红色、紫色和褐色的陈设。

请读者注意：

我们对本书没有印成彩色而感到抱歉。

读者将不得不只能凭想象来感受在这几页中所描述的多姿多彩、充满活力的颜色。要是你的确对本书的色彩感到单调的话，你不妨在这几页涂上些颜色。

附言：如果这不是你的书，那么在你拿起水彩笔之前，请马上去为自己买一本。总之，这里要讲述的是光怎样使色彩出现的。

神秘莫测的光档案

名 称：颜色

相关事实：

1. 白光包含有雨后彩虹中的各种颜色——还记得这一点吗？事实上，每种颜色都是由一定波长的光波引起的。

2. 当光遇到物体时，一些颜色被吸收而另一些颜色则被反射回来。我们所看到的正是被反射回来的颜色。知道了吗？

恐怖细节：

当某种东西的颜色是黑色时，表明光的所有颜色都被它吸收，没有任何颜色被反射回来。这就解释了为什么你看不见这条又大又黑的鼻涕虫。

呀！祝福我吧！

请继续读更加精彩的事实。

丰富多彩的事实

绿叶和毛毛虫吸收光线中除绿色以外的所有颜色。绿色从叶子和毛毛虫上反射回去，这就是你所看到的颜色。

园丁的绿手指

绿色植物

绿色毛毛虫

一个成熟的西红柿吸收光线中除红色以外的所有颜色。

白色物体反射光的所有颜色（别忘了白光是由所有颜色的光混合而成的）。

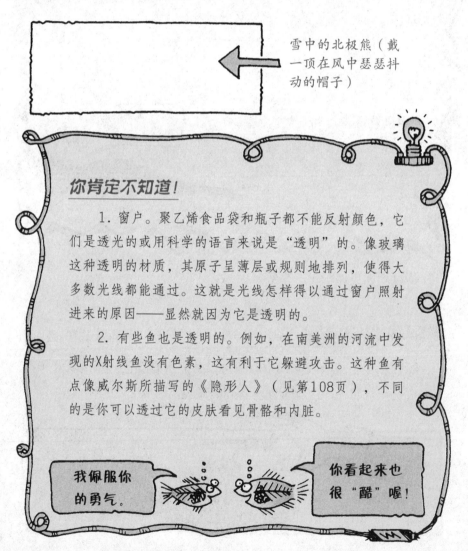

雪中的北极熊（戴一顶在风中瑟瑟抖动的帽子）

你肯定不知道！

1. 窗户。聚乙烯食品袋和瓶子都不能反射颜色，它们是透光的或用科学的语言来说是"透明"的。像玻璃这种透明的材质，其原子呈薄层或规则地排列，使得大多数光线都能通过。这就是光线怎样得以通过窗户照射进来的原因——显然就因为它是透明的。

2. 有些鱼也是透明的。例如，在南美洲的河流中发现的X射线鱼没有色素，这有利于它躲避攻击。这种鱼有点像威尔斯所描写的《隐形人》（见第108页），不同的是你可以透过它的皮肤看见骨骼和内脏。

你敢……发现颜色是从哪里来的吗?

需要的物品:

一个又大又红的西红柿;

一张A4白纸;

一个小手电筒。

需要怎么做:

1. 在黑暗的房间里或最好在晚上。

2. 将西红柿放在白纸上。

3. 把手电筒放在和西红柿同一高度,打开手电筒照亮西红柿。

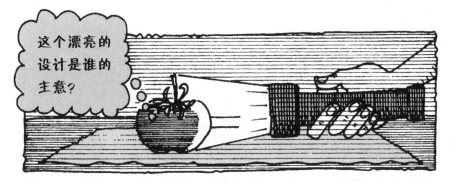

这个漂亮的设计是谁的主意?

4. 看手电筒光柱下的阴影区域,应该呈粉红色,为什么?

a) 西红柿将红光反射到纸上。

b) 这是由手电筒光引起的眼睛幻觉。

c) 西红柿阴影吸收了除红色以外的所有颜色的光。

答案

a) 是正确的。西红柿只反射红光,而将白光中其他颜色的光吸收掉。白纸反射所有照在它上面的颜色,粉红色光是由于从西红柿上反射出来的红光照射到白纸上形成的。实验证明,色彩的确是由光的反射引起的。

不过大多数物体反射的都是由各种颜色光线合成在一起的混合色光。就拿香蕉来说……

喝茶休息时给老师的难题

你需要一根香蕉和很大的勇气。轻轻地敲门，当门吱吱地打开后，你就装做最天真无邪的样子发问：

答案

噢，它可能显现出是黄色的，可实际上香蕉反射红绿色光而吸收蓝色光，你眼睛看到的是红绿光的混合光——黄光（你要是想弄清到底是怎么回事，请参看第130~131页）。

你肯定不知道！

　　你家所在的大街上使用的路灯是钠蒸气灯吗（这些灯发出橘黄色的光）？在这种灯下（假设附近没有其他类型的灯），红色的物质如：口红、血液或天竺葵等就显现出黑色。因为钠蒸气灯发出的光里没有红色光，而红色物质因为没有一点红色光可反射，所以你看到它们是黑色的。

我是去跳迪斯科而不是去参加葬礼！

那你为什么要涂黑色的唇膏？

　　谈到反射颜色，你知道两个科学家花了整整一个假期的时间去解决这个难题吗？真惨！

可怕的科学名人堂

　　钱德拉卡塞·范卡塔·拉曼（1888—1970）国籍：印度
　　约翰·斯垂特·瑞利爵士（1824—1919）国籍：英国
　　你可能不会找到两个比他们的性格更加不同的人了。拉曼是一个杰出的科学家，可在他年轻的时候，由于印度科学技术比较落后，他不得不暂时供职于印度行政机关（他在1917年成为印度加尔各答大学的物理学教授）。斯垂特出身于一个富有的英国贵族家庭，在他自己的宅第中建有一个私人实验室，他同时供职于英国一所有名的大学。

他俩分别解决了两个棘手的光学问题。非常有趣的是，后来拉曼和斯垂特的儿子成了好朋友。问题的提出看起来就像是孩子的游戏那么简单。

可实际上这些问题并不愚蠢，而且答案是相当复杂的……关于这一点你稍后就会明白。

1871年，约翰·斯垂特去埃及旅行。当他乘船经过地中海时，对蔚蓝的大海和湛蓝的天空赞叹不已。

但是作为科学家，斯垂特对他所看到的自然景观不仅仅是欣赏，而且还要用科学理论给予合理的解释。在他给家人的信件中曾经提出过这个问题：

致瑞利爵士并瑞利太太
特瑞镇，艾塞克斯，英国

亲爱的爸爸、妈妈：

　　我度过了一个愉快的假期，我读了很多书，一路上有许多有趣的现象吸引着像我这样的年轻科学家。例如，像蓝色的天空和大海——我的意思是说，是什么原因使它们变得这么蓝？我猜想是由于空气中的尘埃反射太阳光时，由于蓝色的光比其他颜色的光更易于被散射（我现在不能确定其原因），因此我们能看见更多的蓝色光。我还认为海之所以是蓝色的是因为它反射了天空的颜色。

　　噢，忘了告诉你们，这次航行很开心。

你们的爱科学的儿子

斯垂特

给读者的答案

　　1. 斯垂特是对的。蓝光的光子具有较大的能量，这使得它们更容易被尘埃撞击而向下进入你的眼帘。所以当我们仰望天空的时候能看到更多的蓝光光子，于是天空看起来显出湛蓝的颜色，这是真正的蓝色啊！

　　2. 但日落时天空就不是蓝色的——是吧？这实际上恰恰证明了斯垂特是对的。当太阳的高度很低时，阳光以很小的角度擦着地平线穿过更厚的大气层，在太阳光射到我们身上之前，这么厚的大气层中的尘埃就将大多数蓝光光子反射掉了。可是有谁在意这些事情呢，我们喜欢橙红色的阳光，幸亏它没有向上反射掉多少。

好，让我们再回到故事中……

1921年，拉曼坐船到英国参加科学会议。他因为在会议期间感到无所事事，所以决定探讨一下约翰·斯垂特有关大海颜色的看法。由于约翰·斯垂特已经去世，拉曼不能再给他寄明信片了，但拉曼可以把自己的见解告诉他的好朋友——约翰·斯垂特的儿子——科学家罗伯特·斯垂特（1875—1947）。

致罗伯特·斯垂特（瑞利爵士）
特瑞镇，艾塞克斯，英国

亲爱的罗伯特：

难以置信的好天气！令尊关于天空为什么是蓝色的解释是正确的。可我并不认为海洋是由于反射天空的颜色而变蓝的。我用一个尼科尔棱镜对着大海，你知道由于棱镜的原子是规则排列的，所以它能允许单色光通过，虽然棱镜阻挡住了天空的光反射到海面上，但海水仍然呈现出蓝色。这种现象令我感到困惑——但我一定要找到答案。好了，此信寄给你。

你的同事
C.V.拉曼

那么海水为什么是蓝色的呢？

1922年，拉曼回到他的实验室做了一系列的实验，包括把光照在水面上，最后他找到了答案……

亲爱的罗伯特：

我攻克了这道难题。我已经明白了为什么海水是蓝色的——记得吗？以下就是我的发现。

1. 从天空来的部分光线被海面反射，（是的——你父亲说的这一点是对的。这也解释了为什么当阴天时，大海是灰色的。）但同时也有许多光子被大海吸收。

2. 海水吸收了这些光子中的大多数而只把蓝光反射回来，这就是我们所看到的蓝色。我想你父亲也会含笑九泉了。

你的朋友
C.V. 拉曼

蓝色的天空

蓝色光子　光子

蔚蓝色

拉曼并没有局限于对蓝天和大海的研究，他继续研究并发现物质中的原子之间是怎样相互束缚从而影响原子的移动，以及从反射光子如何获得或失去能量。1930年，拉曼因这方面的卓越工作而获得了诺贝尔奖。

神奇的彩色混合

就一种色光而言，它们是非常简单的，可是要想把几种彩色光混合在一起事情就变得不那么容易了。

你肯定不知道！

彩色照片是由不同颜色的光混合后而制得的。

1. 第一张彩色照片是由苏格兰物理学家詹姆斯·克拉克·麦克斯韦（1831—1879）拍摄的。在1863年他拍了3张照片，所用的道具就是他妻子的一条丝带。拍第一张照片时加了红色滤光镜，拍第二张照片时加了蓝色滤光镜，而第三张照片是透过绿色滤光镜拍摄的。每一种滤光镜只允许和它同色的光通过，而阻止其他所有颜色的光通过。例如，用绿色滤光镜拍出的丝带是绿色的。然后他将3张图片叠加制成彩色照片。

照片确实很迷人，现在可以把丝带还给我吗？

2. 现在的彩色胶片片基上有3层化学物质。上面的一层从蓝光中得到蓝色；中间的一层以同样的方式得到绿色；而第三层得到红色。它们之间通过化学作用而获得一幅完整图像，我们的大脑则做了彩色混合中的剩余工作——关于这一点你会在第130~131页看到。

糨糊样的混合颜料

可以想象，像上述制作彩色照片一样制作出一种颜料会是什么样的。你小心地把几种蓝、绿、红色颜料混在一起，得到的将是一摊黑色的糨糊。

我称这是"牛粪"色。

想知道为什么会是这样吗？不妨去问你的美术老师……

考考你的老师

要是你将红、绿、蓝光混合在一起就会得到一束苍白的光。可是你把红、绿、蓝色颜料混在一起，你却得到黑色——为什么？

答案

白光是由全部色光组成的，所以你混合的色光越多，你得到的光就越接近于白色。可是颜料以及其他带色的物体（如西红柿和香蕉）发光的原理是吸收其他颜色的光而反射和它们相同颜色的光，所以你往混合物中增加的颜料越多，你就会得到更加接近于吸收每一种光线的物质——黑色物质。

你用的颜料太多了！

是的，这幅画称为"黑屋中的黑猫"。

起决定作用的色觉

无论你想混合成哪种颜色，你都需要用眼睛来分辨它们。人类、鸟和猿在这一点上是很幸运的，我们能够看到绚丽多彩的世界，而不像某些动物如鱿鱼只能看到黑白色；宠物猫只能看到绿色和蓝色却看不见红色（科学家也不能十分肯定为什么会这样——猫咬死了老鼠之后看到的鲜血和血淋淋的肉块是绿色的）。

我突然不感到饿了。

你怎样看彩色

1. 和猫不一样，人的视网膜上实际上有3种类型的感光细胞——每一种细胞分别感觉绿、蓝、红色，你所看见的颜色是从这3种颜色或其中至少两种适当组合而成的（如想知道进一步的解释，请参看第122页）。

2. 说来你可能不相信，人的眼睛能够分辨1000万种不同的颜色。更令人惊讶的是眼睛仅凭感觉3种颜色就能够做到这一点。现在给你一个机会来测验一下你的辨色能力。

你敢……测试一下你的色觉吗？

需要的物品：

一大张黑纸；

一张大约3厘米见方的黄纸；

你的头、眼。

需要怎么做：

1.将黄纸放在黑纸上，然后注视30秒钟——不要动脑袋也不要眨眼睛。

2.你应该看到蓝色的正方形出现在黄色正方形周围。

好，那么蓝色正方形是从哪里来的呢？

a）激活蓝色信号的细胞需要时间——它们现在已在黑纸上检测出蓝色。

b）黄色纸激发的视网膜上的蓝色细胞越来越多，因而使你看见过多的蓝色。

c）使你感觉到黄色、红色和绿色感光细胞太疲劳了，但蓝色感光细胞仍很活跃。

答案

c）是正确的。你的眼睛是通过激发绿色和红色感光细胞才看到黄色的。（记得那个香蕉吗？）你的大脑组合这些感觉才形成黄色。但过了一段时间以后，绿色和红色感光细胞变得不太敏感了，而蓝色感光细胞仍很活跃，这样你便看到了"滞后的图像"。请注意——在科学家解决这个问题前，做了许多令人作呕的眼球实验……

还是眼球

提示：令人作呕的实验要来了（建议在你读完这一段以后不要马上送早餐来）。艾萨克·牛顿推断我们是通过改变眼球的形状来分辨颜色的。牛顿认为这将有助于眼球将白光分解为彩色光后，再落到视网膜上。

　　为了验证这个想法，牛顿用牙签压他的眼球，牛顿用的牙签上可能有数百万个细菌，并且还有他晚餐后留下的食物残渣腐物。难闻！

　　牛顿使劲挤压他自己的眼球想使它改变形状，他看到了一些光线，但仍不足以证明他的理论。

　　而牙签上的细菌却感染了他的眼睛，疼痛使他不得不在床上休息了两周。这证明了即使是科学天才有时也难免会做傻事。

紧急健康警告

一定不要做这样的实验，没有任何科学价值。否则你的眼睛会被细菌感染……甚至你的眼球会脱离眼窝。现在你知道了吗？

更加古怪的科学家……

在牛顿以后，其他的科学家继续探究着彩色视觉的奥秘。英国著名化学家约翰·道尔顿（1766—1844）是第一批提出原子理论的科学家之一。可是对于进一步深入研究这个色觉问题，他的表现就不那么出色了。

一位同时代的科学家说：

他的写作和言谈都很枯燥。

当时，我们可能称他为"使人厌烦的人"，使人厌烦的道尔顿喜欢研究花卉，不幸的是，他发现自己根本看不到红颜色……

道尔顿饱受看不见红颜色的痛苦，大约25个人当中就有一个人患

多美的蓝色花朵！

这是红色的！

对于这个问题，你没有必要气得满脸都是蓝色！

这种病。约翰·道尔顿当时认为，色盲是由于眼球中有蓝色水样液造成的。蓝色吸收了红光。

他立了遗嘱：死后献出他的眼球，用来检查是否存在蓝色水样液。

同时我们的老朋友托马斯·扬已经治愈了色盲病患者。他坚持认为人的视网膜分成不同的区域，分别检测红色、蓝色和绿色。而道尔顿正是因为视网膜的红色区域出了问题。

不幸的是，托马斯死于道尔顿献出眼球之前，所以他永远也不能知道结果了。事实上，道尔顿眼睛的水样液清澈透明，要是约翰·道尔顿死后有知，他一定会感到很失望。

秘密被揭开……

秘密是被另一个著名科学家詹姆斯·克拉克·麦克斯韦揭开的。他把一个圆盘分成红、绿、蓝3个部分并让圆盘快速旋转。于是在圆盘上你看到3种颜色组合成了白色。如果圆盘上只有绿色和蓝色两部分，那么看不见红色的色盲患者看这个旋转的圆盘时也一样看到白色。这证明了……

1. 我们眼中的感光细胞可以看到绿色、蓝色和红色光。

2. 由这3种颜色可以组成所有的其他颜色（白色光是由其他颜色光组合而成的）。

3. 色盲病患者是因为某一种感光细胞缺失或不能正常地工作。

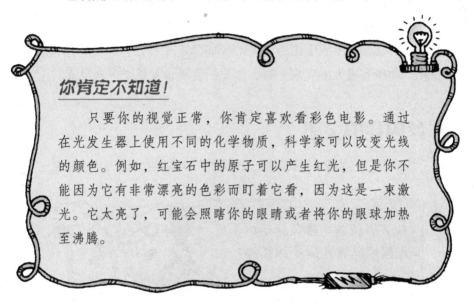

你肯定不知道！

只要你的视觉正常，你肯定喜欢看彩色电影。通过在光发生器上使用不同的化学物质，科学家可以改变光线的颜色。例如，红宝石中的原子可以产生红光，但是你不能因为它有非常漂亮的色彩而盯着它看，因为这是一束激光。它太亮了，可能会照瞎你的眼睛或者将你的眼球加热至沸腾。

你敢近距离盯着激光吗？为什么不翻到恐怖的下一章先了解一下呢？

嗯，那好吧……

神通广大的激光

激光是现代生活中相当重要的一部分，并且它们也将照亮我们的未来。和所有重大的发现一样，激光的发现也起始于一丝灵感。

一丝闪亮的灵感

1951年，美国科学家查尔斯·H.汤斯在华盛顿的一次学术会议上……

> 我试图制造一种高能量的无线电波用以研究原子的结构。

> 太吸引人了。

那天晚上，汤斯难以入睡，他的脑海里在反复考虑这个问题，第二天早上天还没亮他就起来去散步了。最后汤斯坐在公园的长椅上，寻找着灵感。

突然他找到了答案！汤斯飞快地将他的想法潦草地写在一个旧信

封的背面。要是你能使原子高速振动并且阻止光子逃逸，你就能制造出一束高能量的光线。因为无线电波是由光子组成的，你就可以用无线电波做同样的事情。

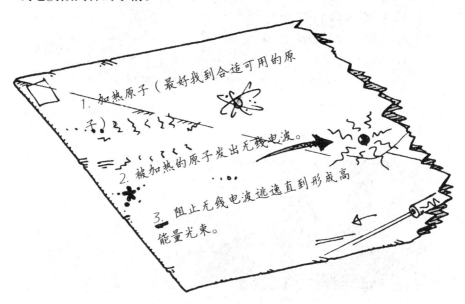

1. 加热原子（最好找到合适可用的原子）
2. 被加热的原子发出无线电波。
3. 阻止无线电波逃逸直到形成高能量光束。

后来汤斯发现那天清晨他坐过的长椅正好位于著名的发明家亚历山大·格雷厄姆·贝尔（1847—1922）家对面，汤斯觉得惊奇，是不是已故科学家的在天之灵在精神上帮助了他。

后来汤斯意识到可以使用光代替无线电波。通过汤斯和他的妹夫阿瑟·洛的共同努力，1958年，他终于弄清了激光的工作原理。他甚至是吃午饭时创造了"激光"这个名字。但对于怎样充分发挥激光的用途，他却想得很少。汤斯后来说道：

当时我确实不清楚……激光会有这么惊人的应用！

对那个时代的科学家来说，创建一个激光器在技术上是一项既令人兴奋又富有挑战性的工作。

1960年，另一位美国物理学家西奥多·梅曼利用汤斯的设计制成了世界上第一个实用的激光器。

1964年，汤斯和两位俄国科学家尼科莱·巴索夫以及亚历山大·普罗霍洛夫一起分享了诺贝尔物理学奖。这两位俄国科学家在同一时期分别拓展了激光的应用领域。

有趣的附言

实际上汤斯并不知道，关于激光的想法，甚至可能激光这个名字早在1957年就为另一个美国科学家戈登·古尔德提出来了。不幸的是，古尔德并没有发表他的理论，他也没有及时申请专利，所以他错过了获得这一荣誉的机会。

激光防御系统

激光有很多用途，其中由美国军方发展的一个用途就是用激光防御系统击落敌方的导弹。听起来很让人激动？噢，这里有一个关于怎样使用激光防御系统来保护你的学校不受敌人侵犯的方案。

紧急健康警告

1. 激光可以灼伤人的肌肤，不要把你的激光直接对着任何靠近的老师或任何没有防卫能力的动物。

2. 这种激光有巨大的破坏性，要是你答应使用激光系统保护你的学校，你只读这一部分就可以了。在星期一上自然课之前，不要让你们学校的房子被激光蒸发掉。

怎样制作你自己的激光防御系统

绝密档案——
别让老师知道！

第一步——准备原材料

要建立你自己的激光防御系统，你需要：

一个电源。

一个内壁排满镜子的盒子，在一端放置一面部分涂银的镜子，以便让激光顺利通过。产生光的物质（红宝石棒就可以做到）。

一桶水。

你还需要：一名飞行员和载有由计算机控制的高灵敏度热量检测系统的喷气式飞机。

（你可以从当地的空军基地借到这些东西。）

没问题，儿子，一杯茶的工夫就可以回来了。

第二步——准备你的激光器

1. 将红宝石放在盒子里，并把它和电源连接起来。

敌人的飞机正在孩子们的操扬上盘旋，快点，金肯斯！

2. 好，这就是你期待已久的时刻，按下电源开关。

3. 红宝石中的原子受到电流的激发，发出红色的光子，这些光子在镜子的反射下又反过来撞击红宝石，从而产生更多的光子。

4. 最后当光子的强度达到一定程度时，闪烁的光子则穿出盒子成为一束可以致人眼盲的激光。

5. 所有这些能量可以使你的红宝石的温度迅速升高，要是你的机器有过热的迹象，只需要浇一些水上去就可以了（一般激光器本身都设有水冷却系统）。

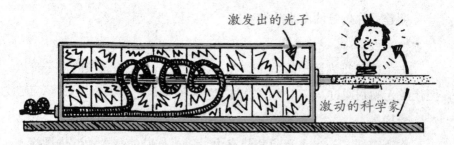

激发出的光子

激动的科学家

第三步——怎样击落导弹

1. 让你的飞机在半空中飞行，并且观察将要来袭的导弹，你便可以用机载的红外探测装置来跟踪从敌方导弹尾部发出的热量。

2. 当你已经确定导弹的位置时，便可以将激光器瞄准导弹的燃油箱，尽可能使光束稳定几秒钟，激光的热量将会熔化导弹的一侧并使之在空中燃烧爆炸，你就此拯救了你们学校！

激光的用途

当然，你的激光器可以做的事不仅仅是击落敌人的导弹。事实上，激光器在很多领域都有广泛的用途。

1. 激光是快速切割手！在工厂里，激光以每秒15米的速度剪裁布匹。

2. 在书店或图书馆里，激光可以读条形码。看一下本书的封底，见到一个有很多线条的方块了吗？这个有线条的方块是《神秘莫测的光》一书的唯一条码。如果你买这本书，你就会看到商店的营业员用一个扫描器扫过条码。扫描器发出的激光在捕捉到线条时，要闪烁一下，闪烁的激光被计算机读出，从而判断出该书的相关信息。

3. 激光可以挽救生命。它可以给人做手术并且通过加热刀口的边缘而使刀口不再流血。利用向内窥镜（它的管子是由光导纤维组成的，还记得吗？）内发射的一束激光，便可以在人体内深处进行挽救生命的手术。激光甚至可以在眼球内将已经脱落的视网膜"焊接"起来。

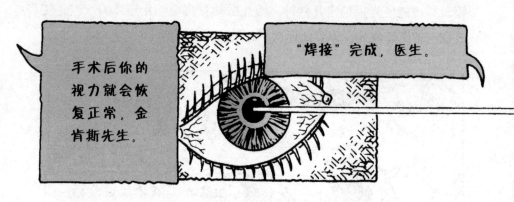

手术后你的视力就会恢复正常，金肯斯先生。

"焊接"完成，医生。

4. 激光通过反射CD盘凹凸不平的表面，从而读出CD盘上储存的信息，CD机将这种闪烁的激光信号转换成电脉冲，然后再还原成你所喜欢的流行音乐。

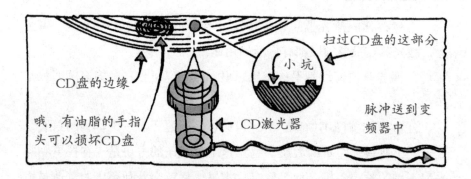

CD盘的边缘

哦，有油脂的手指头可以损坏CD盘

CD激光器

扫过CD盘的这部分

小坑

脉冲送到变频器中

5. 激光以直线传播。由于激光的直线性非常好，所以可以利用激光帮助你建成一个笔直的通道。从隧道的一头发出一束激光，你就可以放心地沿着这束光线掘进。

6. 激光可以熔化和焊接金属。和其他金属刀具不同，激光在进行这项工作时从来没有变钝过。

7. 激光可增加流行歌曲音乐会的气氛。只需要将激光发射到空中并转圈晃动，就会产生很浪漫的气氛。那时谁还会注意歌手们在唱些什么呢？

8. 激光器可以探测十分轻微的地震。在加利福尼亚州圣安德烈斯断裂带架设激光探测仪器，地表的微小颤动会引起激光束的抖动，从而立刻被检测出来。

9. 激光打印机的工作原理是通过用激光照射这一页的影像，将其影像印在一个感光鼓上，感光鼓有一个电动力装置可以抓取上色剂（黑色材料）并将影像印在纸上。激光打印机的打印速度很快——可能它们一直储存上色剂……哈哈。可以说上述只是激光应用的开端……激光的应用范围真是太广泛了，科学家们正在不遗余力地开发研究着激光的用途。

你肯定不知道！

你可以用激光制成全息照片，你需要做的是……用分

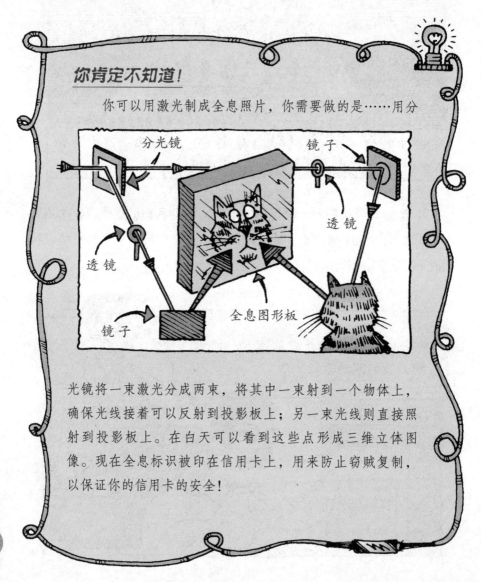

分光镜

镜子

透镜

透镜

镜子

全息图形板

光镜将一束激光分成两束，将其中一束射到一个物体上，确保光线接着可以反射到投影板上；另一束光线则直接照射到投影板上。在白天可以看到这些点形成三维立体图像。现在全息标识被印在信用卡上，用来防止窃贼复制，以保证你的信用卡的安全！

加速的信号

别忘了光是非常快的，激光也是那么快。

▶ 在0.14秒内，你发射的激光信号可以环绕地球一周。

▶ 2.5秒内你可让激光在地球和月球间往返一个来回（在20世纪60年代，美国科学家用激光测距法，通过对信号计时准确地测量出地球和月球间的距离）。

▶ 激光可在3分钟内到达火星（火星人的回答也可以在3分钟内返回）。

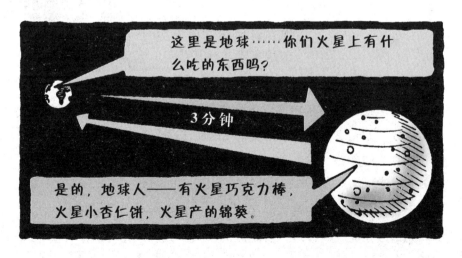

但激光信号是不会与外星人聊天的，你只能和你的朋友们用这些来胡扯。是的——你随时可以打电话和他们聊天。

激光传声

当你打电话时，你的话机是与一根光缆相连接的，其工作原理与将激光信号变成声音的CD机正好相反。

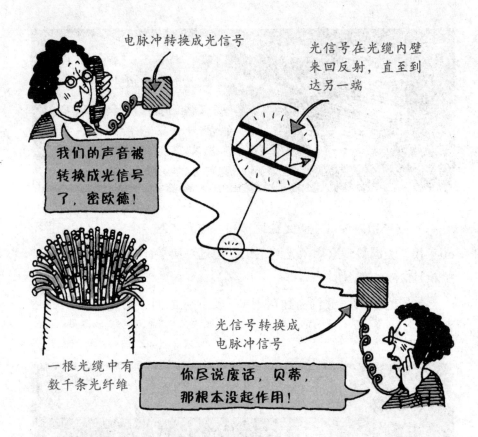

电脉冲转换成光信号

光信号在光缆内壁来回反射，直至到达另一端

我们的声音被转换成光信号了，密欧德！

光信号转换成电脉冲信号

一根光缆中有数千条光纤维

你尽说废话，贝蒂，那根本没起作用！

麦克风把你的声音转换成电脉冲，激光器再将这种电脉冲转变成激光信号，激光信号可以在光缆中飞速地传递。

而在光缆的另一端，这一过程正好是相反的，你可以在耳机里听到声音。

因为光传播得实在是太快了，它在一秒钟内可以反射几十亿次，所以光信号在光纤中传递只要眨眼的工夫。此外，你可以在一根光缆中埋入上千根光纤。

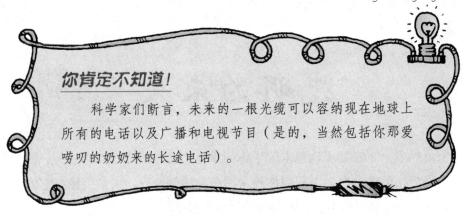

你肯定不知道！

　　科学家们断言，未来的一根光缆可以容纳现在地球上所有的电话以及广播和电视节目（是的，当然包括你那爱唠叨的奶奶来的长途电话）。

　　迄今为止出现的光纤与未来的宏伟发展相比还是微不足道的，可它的未来究竟是怎么样的呢？让我们来看一下水晶球……

光明的未来

想象一下，如果地球上除了你的手电筒之外没有任何光亮……人们将会在黑暗中摸索，而对你神奇的亮光感到惊讶，人们会惊叹它的美丽以及它将黑暗变得光明和五彩缤纷的能力。

> 我们称你为光的霸主，你将神奇的光照在我们脸上。

可光到处都是，因为我们每天都见到它便会不以为然，这太悲哀了。

光是令人敬畏的，难以置信的，也是迷人的。尽管光学最初是很恐怖的——你了解的越多，它看起来就越有魔力。令人难以置信的是那些不起眼的灯泡可以发出光子；而强烈的太阳光则将天空照得通亮；在夜晚你能够看到星星是因为它们发出的一些光子（其中有的甚至经历了上百万年才进入你的眼帘）。

更加神奇的是，是光子给了黄水仙颜色；给予了激光以能量；同时你自己照镜子就可以看到自己的影像，那是每秒几十亿个光子从镜子上反射回来在你的视网膜上形成的图像。

物理学家最新的发现更加令人激动，甚至是令人吃惊。他们将会以你所意想不到的方式照亮我们的未来。例如：

1. 小就是美

现在人们可以制成比针眼细小数千倍的光导纤维和非常小的激光器。1989年IBM公司制成了相当于一根头发丝的十分之一粗细的激光器。若仔细一点包装，你可以在像下图这样大小的一个盒子里放进上百万个这样的激光器。

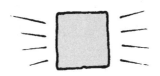

激光器是由微小的晶体制成的。这项技术将使显微全息图像以及显微外科手术成为可能。事实上，制造任何设备的微缩版本都要利用激光。

2. 创造性的化学反应

美国和德国的科学家正在使用激光来诱发化学反应。传统的做法是，你要将实验物质放在又脏又旧的本生灯（一种煤气灯）中加热才能发生化学反应，如同你在中学学校里看到的那种。

可要是准确地利用合适宽度的激光脉冲，科学家可以将化学物质分解成较小的原子团，以产生新的化学物质。这可以使每个化工厂产生革命性的变化。

3. 奇迹般的储存光子

科学家已了解到应该如何储存光线。你知道，光总是在不断运动着，可是1998年，在阿姆斯特丹大学，科学家们在晶体内部捕获了红外光。在正常情况下，原子不是吸收就是反射光线。现在晶体表面形成了一个小迷宫，光子在圆圈里追逐疾驰却无法逃出迷宫。这的确很令人惊奇，不是吗？

4. 未来的梦幻设备

这项突破导致了未来计算机的出现。计算机利用光子以每秒几十亿次的速度进行加法运算，并发出信息。美国和英国的科学家已经开始梦想拥有一台这样的机器，一台超过现有运算速度最快的计算机上百万倍能力的计算机。试想……有一台这样的计算机，你就可以在1秒钟内完成你的数学作业。你进步太快了！

光肯定是宇宙中运动速度最快的物质。但科学才刚刚起步,未来将更加光明——那肯定会有一个光辉灿烂的前景!

疯狂测试

神秘莫测的光

现在让我们测试一下，你是否是

一个光学专家吧！

点亮你的生活

你是否在这个穿越光的快速旅程中开窍了呢？ 你是灵光一闪，还是仍然在黑暗中徘徊？接受这个快速测试，找出真相吧……

1. 彩虹最主要的两种成分是什么？

a）阳光和一罐金子

b）阳光和雨水

c）阳光和氧气

2. 阳光要多久才能到达地球上？

a）相当于你在科学课上，从打喷嚏到擦掉袖子上的鼻涕所需要的时间（8.5秒）

b）相当于你在科学课上打个盹的时间（8.5分）

c）相当于你在科学课结束时走出教室门所花的时间（8.5毫秒）

3. 有多少束光波可以同时经过这个问号底下的点？

a）数百束

b）精确地说是4.667束

c）大概5束

4. 一束光从空气中传播到水中会发生什么样的变化？

a）光会弯曲或折射

b）光会反弹或反射回来

c）光会开始反击

5. 为什么天空是蓝色的？

a）因为天空中蓝色光波多于其他颜色的光波

b）因为空气中分散了更多的蓝色光子

c）因为光是被覆盖地球表面70%的水反射出来的

6. 如果一种植物反射绿光，那么它会吸收所有其他颜色的光。因此香蕉会反射出什么颜色的光呢？

a）黄色

b）除了黄色之外的所有颜色

c）红色和绿色

1. b）；2. b）；3. a）；4. a）；5. b）；6. c）。

奇妙的光

光是如此的神奇，让你简直无法相信人们对它作出的一些描述。看一下下列奇怪的说法，判断你是否知道其中哪些尽管奇怪却是事实，而哪些又是虚构的……

1. 你能看到令自己讨厌的小弟弟，是因为光波从他身上反射回来。

2. 光是如此的伟大，它甚至可以绕着转角处弯曲。

3. 阳光是由7种颜色组成的：红色，橙色，黄色，绿色，蓝色，靛青色和紫色。

4. 常吃胡萝卜有助于你在黑暗中看东西。

5. 所有地球上的光都是来自太阳，如果没有超级恒星太阳，我们都会在黑暗中死去。

6. 星星看起来闪闪发光，是因为它们发射出来的光被怪异的强风吹弯了。

7. 有色盲症的人只能看到黑色和白色的物体。

8. 光传播的速度无论在何时何地都比其他物体快……

答案

1. 正确。除非你宁愿留在黑暗中……

2. 正确（也是错误的）。哈哈！这是一个恶作剧问题。尽管光波只能以直线传播，但是神奇的科学家发明了一种光纤维，能够携光绕过转角处。

3. 错误。阳光确实是由这7种颜色组成，但是每一种颜色都由其中2种构成（实际上，一种颜色在另一种颜色的两边）。只是我们只能用特定的词语来描述这7种颜色。

4. 错误。胡萝卜只是胡萝卜素的载体。如果真的想在黑暗中看东西，请使用火炬。

5. 错误。其实很多物体都可以发光，如蜡烛，烤箱，甚至奇妙的生物如萤火虫。但是如果太阳停止对我们的照射，我们依然会死。因为阳光能够帮助植物生长，维持我们的生命。

6. 正确。和其他光线一样，星光也是以直线传播的。但是它会因为狂风的影响而发生折射。

7. 错误。有色盲症的人通常可以辨别出某些特定的颜色，此外的其他颜色都无法识别。

8. 正确。整个宇宙中没有什么东西比光传播得更快。

"经典科学"系列（26册）

肚子里的恶心事儿
丑陋的虫子
显微镜下的怪物
动物惊奇
植物的咒语
臭屁的大脑
神奇的肢体碎片
身体使用手册
杀人疾病全记录
进化之谜
时间揭秘
触电惊魂
力的惊险故事
声音的魔力
神秘莫测的光
能量怪物
化学也疯狂
受苦受难的科学家
改变世界的科学实验
魔鬼头脑训练营
"末日"来临
鏖战飞行
目瞪口呆话发明
动物的狩猎绝招
恐怖的实验
致命毒药

"经典数学"系列（12册）

要命的数学
特别要命的数学
绝望的分数
你真的会＋－×÷吗
数字——破解万物的钥匙
逃不出的怪圈——圆和其他图形
寻找你的幸运星——概率的秘密
测来测去——长度、面积和体积
数学头脑训练营
玩转几何
代数任我行
超级公式

"科学新知"系列（17册）

破案术大全
墓室里的秘密
密码全攻略
外星人的疯狂旅行
魔术全揭秘
超级建筑
超能电脑
电影特技魔法秀
街上流行机器人
美妙的电影
我为音乐狂
巧克力秘闻
神奇的互联网
太空旅行记
消逝的恐龙
艺术家的魔法秀
不为人知的奥运故事

"自然探秘"系列（12册）

惊险南北极
地震了！快跑！
发威的火山
愤怒的河流
绝顶探险
杀人风暴
死亡沙漠
无情的海洋
雨林深处
勇敢者大冒险
鬼怪之湖
荒野之岛

"体验课堂"系列（4册）

体验丛林
体验沙漠
体验鲨鱼
体验宇宙

"中国特辑"系列（1册）

谁来拯救地球